INTRODUÇÃO AOS LLMS PARA LÍDERES EMPRESARIAIS

ESTRATÉGIA DE IA RESPONSÁVEL PARA ALÉM DO MEDO E DO SENSACIONALISMO

SÉRIE: BYTE-SIZED LEARNING

I. ALMEIDA

Somos a plataforma de aprendizagem mais confiável e eficaz dedicada a capacitar líderes com os conhecimentos e habilidades necessários para aproveitar o poder da IA de forma segura e ética. Participe agora para desfrutar de lições e webinars gratuitos.

CONTEÚDO

UM GUIA EQUILIBRADO SOBRE OS LLMS E A IA GENERATIVA PARA LÍDERES EMPRESARIAIS

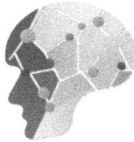

Os Modelos de Linguagem de Grande Escala (LLM), como GPT-4 e Claude 2, têm potencial para revolucionar empresas e a sociedade quando usados de forma consciente. Este livro oferece aos líderes uma visão clara e abrangente de como utilizar os LLMs para ganhar vantagem competitiva no presente, mantendo sempre uma base ética para benefícios sustentáveis no futuro.

LLMs que empregam técnicas de aprendizado profundo com treinamento em extensivos bancos de dados textuais, têm a capacidade de produzir uma linguagem surpreendentemente similar à humana. Esses modelos apresentam o potencial para aprimorar domínios como marketing, serviço ao cliente, gestão de recursos humanos, pesquisa e desenvolvimento, área jurídica, entre outros. Contudo, há inúmeros mitos e preocupações em torno desses modelos. Com esta obra, procuro proporcionar uma visão balanceada e adotar uma abordagem meticulosa a respeito do assunto.

Neste contexto, detalho a evolução acelerada dos LLMs, simplifico conceitos técnicos para fácil compreensão, apresento aplicações empresariais práticas, sugiro estratégias de implantação, analiso o impacto destes modelos no mercado de trabalho e abordo questões éticas. O foco aqui não é apenas exaltar ou criticar sem fundamento, mas sim equipar os leitores com informações para uma implementação consciente, valorizando os benefícios tangíveis e antecipando-se aos desafios. Para uma aplicação eficaz no mundo dos negócios, é essencial deixar de lado o pânico e as falsas promessas, fundamentando-se em insights técnicos e éticos bem ponderados.

Os LLMs são o tipo mais influente e pronto para o mercado dentro do vasto universo da IA generativa. Esta categoria de inteligência artificial tem a capacidade de gerar conteúdo, seja ele texto, imagem, áudio ou vídeo de forma autônoma. Contudo, o foco deste livro é nos sistemas que geram linguagem, e há razões cruciais para isso:

- A linguagem natural permite a transmissão clara de ideias complexas, facilitando a apresentação de discussões técnicas por meio de exemplos e histórias compreensíveis.

- No momento, os LLMs estão à frente em termos de capacidade gerativa, graças à intricada natureza da linguagem humana. Dominar essa linguagem é um passo fundamental para dominar outras formas de expressão.

- Comparativamente, os LLMs apresentam oportunidades e desafios mais evidentes para as empresas no cenário atual do que outras tecnologias gerativas em estágios iniciais.

- A linguagem é uma ferramenta universal para a interação humana e a disseminação de conhecimento. A capacidade dos LLMs de processar e criar informações textuais tem vasta aplicabilidade.

Embora este livro não explore profundamente a geração de imagens ou áudios, ele fornece um panorama sobre o vasto campo da IA generativa, ajudando o leitor a fazer avaliações bem fundamentadas. Uso a geração de texto como o principal meio para conectar e esclarecer conceitos. A ênfase nos LLMs visa manter a clareza, enquanto aborda um tópico amplo, garantindo assim diretrizes comerciais relevantes. Assim, os líderes estarão equipados com insights essenciais para estabelecer estratégias sólidas em meio à rápida transformação e ao entusiasmo em torno da IA.

INTRODUÇÃO AOS LLMS

Os modelos de linguagem de grande escala tornaram-se rapidamente uma das mais impactantes inovações em inteligência artificial. Beneficiando-se de avanços em capacidade computacional e vastos conjuntos de dados, os LLMs cresceram consideravelmente na última década, evoluindo de modelos básicos para sofisticadas redes neurais cujas habilidades linguísticas muitas vezes superam as humanas.

Neste capítulo, traçarei a trajetória dos LLMs, salientando as inovações e etapas cruciais que conduziram ao surgimento de modelos como o GPT-4 e o Claude 2. Ao compreender suas origens e evolução, ganhamos insights sobre seu potencial e as relevantes questões acerca de seu desenvolvimento e uso consciente. Além disso, introduzirei conceitos essenciais que serão aprofundados nos próximos capítulos do livro.

A Busca pela IA de Linguagem

Muito antes da era do deep learning, os pesquisadores estavam interessados em modelagem estatística de linguagem—desenvolver modelos matemáticos que pudessem prever sequências prováveis de palavras com base em padrões de texto. Os primeiros modelos de linguagem eram modelos n-gram que analisavam a probabilidade de uma palavra surgir tendo em conta as n-1 palavras anteriores. Embora limitados a padrões estatísticos locais, esses modelos foram usados com sucesso em aplicações como a verificação ortográfica e a previsão de palavras.

No final da década de 2000, houve uma grande mudança na maneira como entendemos e processamos a linguagem com a ajuda de computadores. Esse progresso veio na forma de modelos de linguagem neural, um tipo avançado de programa de computador inspirado no cérebro humano. Um dos modelos de destaque dessa era foi chamado Word2Vec[1].

Considere o Word2Vec um método que capacita computadores a entender as relações e contextos entre palavras de forma semelhante aos humanos. Em vez de perceber as palavras como elementos isolados, o Word2Vec analisa vastos conjuntos de texto para discernir a relação entre elas. Este processo resulta na criação de "embeddings" (incorporações).

Imagine cada palavra de uma língua como um ponto num espaço multidimensional. Pontos que estão próximos entre si representam palavras com significados similares ou que frequentemente aparecem no mesmo contexto - esses são os "embeddings". Por exemplo, "rei" e "rainha" estariam próximos neste espaço, pois ambos remetem à nobreza e são comumente associados. A capacidade do Word2Vec de capturar analogias e relações complexas entre palavras através destes embeddings é particularmente impressionante. Por exemplo, é capaz de deduzir que a relação entre "homem" e "mulher" tem paralelos com a relação entre "rei" e "rainha".

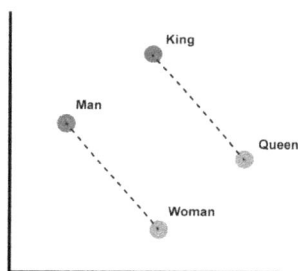

Word vector.[68]

No entanto, apesar de revolucionário, o Word2Vec tinha as suas limitações. A principal delas é que, ao tentar prever uma palavra ou o seu significado, ele só olhava para as palavras imediatamente ao seu redor, muito como só vendo os marcos mais próximos num mapa. Isso significa que nem sempre levava em consideração o contexto global ou a frase inteira, o que às vezes levava a interpretações menos precisas da linguagem. Ainda assim, representou um salto gigantesco na busca por fazer os computadores entenderem e gerarem texto semelhante ao humano.

A Ascensão dos Transformers

O mundo do processamento de linguagem presenciou uma mudança de paradigma em 2017, uma revolucionária mudança trazida pela introdução da arquitetura "Transformer". O termo "Transformer" neste contexto não se refere a robôs Transformers mutantes, mas sim a um avanço na forma como os computadores compreendem e geram textos semelhantes aos humanos. Esse avanço tem, nos últimos anos, sustentado alguns dos saltos mais significativos em inteligência artificial.

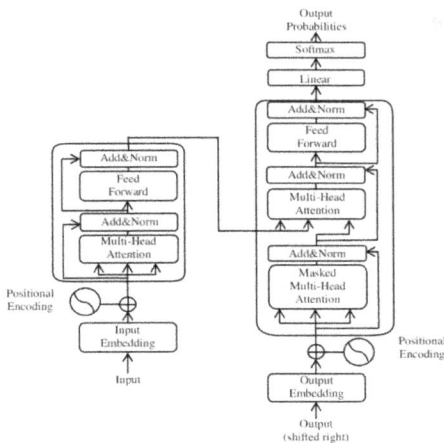

Arquitetura do modelo Transformer[65]

No coração da arquitetura Transformer, encontra-se um recurso chamado "autoatenção". Pense em como lemos um romance: ao avançar pelas páginas, não nos fixamos apenas nas palavras imediatamente à nossa frente. O nosso cérebro revisita constantemente eventos ou personagens passados para conectar e entender melhor o contexto presente. Este processo de ligar palavras e contextos distantes é o que o mecanismo de autoatenção faz, não se limitando apenas à próxima palavra, mas avaliando todo o contexto.

O que tornou isso tão transformador? Modelos prévios, como o Word2Vec, eram mais limitados, focando quase exclusivamente nas palavras adjacentes. Em contraste, a arquitetura Transformer aborda o texto de maneira mais global. Cada palavra tem a capacidade de "interagir" com todas as outras, dando ao modelo uma profundidade inigualável de compreensão contextual.

O marco dessa mudança foi o artigo "Atenção é tudo o que você precisa"[2], apresentado por pesquisadores do Google. Mais do que propor uma teoria, o estudo ofereceu uma metodologia prática e escalável, centralizando a importância dos relacionamentos entre partes de um texto, mais do a que sua sequência ou conteúdo. Essencialmente, a proposta era que mecanismos de atenção, especialmente a autoatenção, fossem fundamentais para excelência em tarefas linguísticas.

É importante destacar a simplicidade e eficácia dos Transformers. Apesar da sua aparente complexidade, eles geralmente são mais eficientes que seus antecessores. Em vez de processar informações em sequência, os Transformers lidam com todas as palavras ou segmentos de uma frase simultaneamente. Este processamento simultâneo não só agiliza as operações, mas também proporciona uma visão contextual mais ampla.

O GPT-1, introduzido em 2017, foi o primeiro LLM que usou a arquitetura Transformer e possuía 117 milhões de parâmetros. Estes parâmetros são como ajustes que determinam como a máquina interpreta a linguagem. Com mais parâmetros, o modelo consegue identificar nuances em vastas quantidades de texto durante a sua formação. Embora o GPT-1 fosse pequeno em relação aos padrões atuais, já mostrava grande capacidade ao superar modelos antigos em tarefas como responder questões.

A ascensão dos LLMs comprova o potencial para compreender a linguagem em profundidade ao aumentar o tamanho destes modelos e fornecer-lhes mais dados. Assim como grandes volumes de dados e computação mais rápida beneficiaram as empresas, mais parâmetros e dados enriqueceram a compreensão da linguagem por parte dos LLMs. Este potencial foi exemplificado pelo GPT-1, marcando o início de uma rápida evolução, culminando em avanços como o BERT em 2018, introduzido pelo Google.

Em 2019, o GPT-2, com dez vezes mais parâmetros e dados do que o seu antecessor, destacou-se pelas suas habilidades de geração de linguagem. Contudo, devido a preocupações com o seu uso, o acesso foi inicialmente restrito. Em 2020, o modelo completo, com 1,5 bilhão de parâmetros, tornou-se acessível ao público.

2020 viu também o surgimento do GPT-3, com notáveis 175 bilhões de parâmetros. Alimentado por um trilhão de palavras, o seu treino necessitou de recursos computacionais enormes, representando um custo significativo. Um destaque do GPT-3 foi o seu "aprendizado com poucos exemplos", permitindo-lhe executar tarefas após ver apenas alguns exemplos, uma habilidade que fascinou os especialistas.

O GPT-4, ainda mais avançado, mantém a trajetória de crescimento. Enquanto os detalhes específicos permanecem em segredo, a contínua busca por maiores escalas sugere que os LLMs se beneficiam cada vez mais de mais dados e potência de computação.

Para além da OpenAI, gigantes tecnológicos como Google, Meta e outros têm desenvolvido LLMs. Embora a maioria se foque em fornecer serviços através de interfaces de programação, em 2023, modelos de código aberto como Dolly 2.0 e LLaMA têm surpreendido pela sua capacidade.

Modelos Fundacionais

Em 2021, o Instituto de Stanford para Inteligência Artificial Centrada no Ser Humano (HAI)[3] apresentou o conceito de "modelos fundacionais". Estes são modelos de IA, como os LLMs, que são inicialmente treinados em grandes volumes de dados e posteriormente refinados com dados mais específicos para tarefas particulares. Devido à sua adaptabilidade e excelência em várias funções linguísticas, os LLMs tornaram-se os principais representantes dos modelos fundacionais. Em vez de criar um modelo de IA do zero para cada tarefa, esses modelos permitem ser ajustados de forma eficaz com menos dados, adaptando-se a diferentes necessidades.

IA Generativa

Tal como mencionado anteriormente, os LLMs fazem parte da categoria de IA designada por IA generativa. Estes sistemas têm a capacidade de gerar autonomamente conteúdos inovadores, seja em forma de texto, código, imagens, vídeo ou áudio, indo além do que aprenderam nos seus dados de treino. Os LLMs destacam-se nesta categoria, pois conseguem produzir textos originais que imitam a escrita humana, após serem treinados em vastos volumes de texto. Além dos LLMs, a IA generativa abrange também sistemas que produzem imagens, vídeos, música, objetos 3D, entre outros, com base na análise de dados visuais.

A crescente relevância da IA generativa, potenciada pelos avanços nos LLMs, reside na sua habilidade para criar conteúdo de forma automatizada, adaptável e personalizada. Enquanto a maioria das IAs se foca na análise e categorização, a IA generativa possibilita usos criativos que ultrapassam os dados originais. Contudo, é crucial que estes sistemas sejam projetados com responsabilidade, dada a possibilidade de gerarem informação enganadora em larga escala quando mal implementados.

LLMs Especializados

Para além dos modelos de propósito geral, existem LLMs desenvolvidos para áreas específicas. Por exemplo, a Bloomberg introduziu o BloombergGPT[4], um modelo de linguagem orientado especialmente para o setor financeiro, visando entender a terminologia de negócios e finanças.

Este modelo, com 50 bilhões de parâmetros, foi treinado em 360 bilhões de tokens de texto financeiro e 345 bilhões de tokens de texto genérico. É capaz de obter resultados de referência em tarefas de Processamento de Linguagem Natural (PLN) relacionadas ao setor financeiro, como responder a questões e identificar entidades específicas. Graças à sua arquitetura especializada e dados de treino direcionados, o BloombergGPT pode competir com modelos muito maiores em determinadas avaliações.

Embora não esteja disponível ao público por razões éticas, exemplifica como a utilização de dados específicos pode potenciar a criação de sistemas de IA tão eficazes quanto os modelos gerais de maior dimensão. Espera-se que a tendência seja a de modelos personalizados para áreas específicas, como o BloombergGPT, facilitando a automação e análise. Estes modelos especializados oferecem vantagens focadas, embora possam sacrificar alguma versatilidade.

Num outro exemplo, a Anthropic desenvolveu um modelo chamado IA Constitucional[5], que utiliza uma técnica para melhorar qualidades como honestidade e evitar estereótipos. No seu treino, o modelo é constantemente desafiado a aperfeiçoar suas respostas para alinhar-se aos princípios da Declaração de Direitos de IA da Anthropic. Esta abordagem busca promover instintos de cooperação e segurança nos LLMs.

Estes modelos destacam abordagens inovadoras para alinhar LLMs com valores éticos. Contudo, confiar somente em startups para definir esses padrões éticos pode não ser a estratégia mais segura para garantir uma IA responsável e ética.

Código Aberto (Open Source) ou Fechado e Porquê?

Em 2023, a Meta apresentou o LLaMA[6], um modelo de linguagem com 65 bilhões de parâmetros, treinado em vastos conjuntos de dados. Notavelmente, optaram por lançá-lo como código aberto.

Esta decisão da Meta de tornar o LLaMA disponível em código aberto é significativa, pois estimula a cooperação, o escrutínio e a inovação no campo da inteligência artificial. Ao tornar o Llama acessível a todos, a empresa incentiva especialistas e programadores a explorar o modelo, descobrindo aplicações inovadoras. Isto pode não só originar usos que ainda desconhecemos, mas também promove uma supervisão e gestão de riscos mais ampla.

Em contraste, a OpenAI optou por não disponibilizar o seu famoso modelo GPT-3 como código aberto, oferecendo apenas acesso à sua API. Há várias razões para esta decisão: manter o GPT-3 restrito permite à OpenAI controlar a sua utilização e monetizar através da API. Abrir o acesso ao GPT-3 poderia acarretar problemas de segurança e impactar o seu modelo de negócio. Além disso, enquanto pioneira nos LLMs, a OpenAI pode hesitar em perder a sua posição de destaque.

A Anthropic seguiu uma lógica similar, não tornando público o Claude ou outros LLMs da sua propriedade. Com o objetivo de ser referência em IA segura, a empresa procura garantir um uso responsável dos seus modelos. Liberar o Claude em código aberto poderia abrir portas a utilizações indevidas. A venda de serviços de IA é também uma fonte de receita para a Anthropic, e disponibilizar o Claude gratuitamente iria contra a sua estratégia comercial. Como uma empresa emergente, a Anthropic não tem o luxo de partilhar o seu principal ativo da forma que grandes empresas, como a Meta, podem fazer.

Existem prós e contras na questão do acesso aberto a modelos de linguagem avançados. O futuro pode requerer um equilíbrio entre a transparência, que facilita o escrutinio, e a adoção de medidas de controle para minimizar riscos.

Porque é que a Escala é Importante: O Bom, o Mau e o Feio

Em 2023, à medida que os LLMs cresciam em escala, eles exibiam melhor desempenho e novas habilidades em tarefas linguísticas. Mesmo com a diminuição dos retornos, os benefícios de modelos com centenas de bilhões ou até trilhões de parâmetros eram evidentes. Estes modelos de maior escala conseguem aprender com menos exemplos, reter mais informação de diferentes áreas e interagir de forma mais próxima ao raciocínio humano. De facto, os LLMs mais recentes têm um desempenho comparável ao humano em testes universitários sem preparação prévia.

Contudo, esta escala traz desafios. Modelos maiores podem gerar conteúdos tóxicos ou enviesados com precisão preocupante. Minimizar esses riscos é um foco de pesquisa atual. Criar e usar modelos de grande escala requer responsabilidade, precaução e diálogo com as comunidades impactadas.

Outro problema é a opacidade em torno dos dados de treino e métodos utilizados. Filtrar dados pode, inadvertidamente, levar a representações tendenciosas. Por exemplo, tentar eliminar toxicidade ao filtrar palavras específicas pode, sem intenção, omitir perspetivas positivas de grupos menos representados[7]. Uma curadoria consciente dos dados implica identificar e resolver essas questões com a ajuda das comunidades envolvidas.

Além disso, é vital que os utilizadores entendam os limites dos LLMs. Estes modelos reconhecem padrões linguísticos, mas não têm uma verdadeira compreensão dos conceitos. Podem parecer entender assuntos como medicina ou direito devido à sua fluência, mas não têm real discernimento sobre essas matérias. É crucial avaliar esses sistemas corretamente para não superestimar as suas capacidades.

A Galactica[8], lançada pela Meta em 15 de novembro de 2022, tinha como promessa auxiliar cientistas resumindo artigos acadêmicos, resolvendo questões matemáticas, redigindo entradas de Wiki, escrevendo códigos científicos, e ainda anotando moléculas e proteínas. Foi treinada com um conjunto de 48 milhões de recursos, incluindo artigos, livros didáticos e websites.

No entanto, pouco após o seu lançamento, surgiram críticas por parte de cientistas e jornalistas[9] especializados em tecnologia. Identificaram erros, como a alegação da Galactica de que a história dos ursos no espaço se iniciou em 1963 com um cosmonauta soviético, quando na verdade, um urso francês, Flic, foi enviado ao espaço em 1961. A Galactica também apresentou erros ao resumir um artigo sobre mecânica quântica. Em resposta a estas falhas, três dias após o lançamento, a Meta suspendeu a Galactica para fazer correções.

A Dra. Emily M. Bender criou o termo "derramamento de desinformação"[10] para descrever a propagação em massa de conteúdos sintéticos gerados por IA, comparando-os a derramamentos de petróleo em termos do dano potencial. Esta proliferação de conteúdo falso ou impreciso compromete a confiabilidade das fontes de informação online. Bender defende uma abordagem conjunta, misturando práticas individuais de discernimento de informações e regulamentações, como a obrigatoriedade de marca d'água em conteúdos gerados por IA.

Para as empresas, é fundamental implementar etapas de verificação ética em suas operações. Diante da emergência de riscos significativos, elas devem estar prontas para suspender ou recalibrar os modelos de IA conforme necessário. Por mais que a pressão pelo avanço possa ser intensa, trabalhar com LLMs exige a capacidade de pausar e reavaliar quando surgem preocupações éticas.

Em conclusão, a evolução dos LLMs representa avanços significativos em IA linguística. Contudo, é fundamental que tenhamos consciência de suas limitações e asseguremos supervisão rigorosa, visando um desenvolvimento tanto ético quanto responsável.

Etapas Fundamentais de Desenvolvimento

Os modelos de linguagem de grande escala seguem diversas etapas críticas durante o seu desenvolvimento para adquirir capacidades linguísticas:

- **Pré-treino:** Nesta fase, o LLM é exposto a extensas coleções de textos, oriundos de plataformas como websites e obras literárias, que somam centenas de bilhões de palavras. O objetivo é dotar o LLM de uma base sólida sobre estruturas e usos linguísticos.

- **Afinação:** Depois do pré-treino, o modelo é otimizado usando exemplos específicos fornecidos por humanos para tarefas especializadas. Por exemplo, pode ser treinado com pares de perguntas e respostas para melhorar a capacidade de responder a questões. Esta etapa ajusta o modelo para tarefas concretas, indo além da simples modelagem linguística geral. No entanto, um treino excessivo em exemplos específicos pode causar "overfitting", onde o modelo fica demasiado ajustado a esses exemplos e perde capacidade de generalização. A etapa anterior, pré-treino, ajuda a combater este problema.

- **Aprendizagem através de Reforço com Feedback Humano:** Em alguns modelos, o LLM interage diretamente com utilizadores, recolhendo feedback sobre as respostas dadas. Este feedback serve como base para melhorias contínuas, aprimorando as interações do modelo, tornando-as mais relevantes, envolventes e seguras.

- **Adaptação Eficiente:** Uma fase mais recente, onde se exploram técnicas para ajustar os modelos a novos contextos sem a necessidade de re-treiná-los desde o início. Facilita a rápida adaptação dos LLMs a novos cenários ou aplicações.

Em resumo, estas etapas, combinadas, permitem desenvolver LLMs que unem conhecimentos linguísticos gerais a competências mais específicas. A sequência de pré-treino, afinação, reforço com feedback e adaptação eficiente é crucial para maximizar o potencial dos grandes modelos linguísticos, fazendo-o de forma escalável e responsável.

Desafios Associados ao Treino de Modelos Linguísticos de Grande Escala

Os modelos de linguagem de grande escala enfrentam diversos desafios, tanto técnicos quanto éticos. É imperativo que as empresas enfrentem estes desafios de maneira consciente e responsável:

1. Consumo de Recursos: O treino destes modelos é muito exigente em termos computacionais, necessitando frequentemente de milhares de GPUs durante extensos períodos. Isto resulta num grande consumo de energia e consequentes emissões de carbono. Assim, é essencial que as empresas se concentrem na otimização de eficiência e na adoção de fontes de energia renovável.

2. Gestão de Dados: Organizar e gerir os vastos conjuntos de dados requeridos para treino é um processo oneroso, que abrange desde a extração web até à anotação feita por seres humanos. Apesar de dados sintéticos e feedback dos utilizadores poderem ajudar a diminuir estes custos, a qualidade dos dados não pode ser comprometida.

3. Estabilidade e Reprodutibilidade: Manter um treino estável e reproduzível é uma tarefa desafiante. Pequenas modificações no código podem levar a grandes variações nos resultados finais. Daí a importância de um monitoramento rigoroso, protocolos de correção e controle de versões.

4. Testes e Auditoria: A verificação e validação dos modelos tornam-se mais complexas à medida que estes aumentam em escala. Uma maior transparência nas decisões e representações dos modelos é vital para assegurar a sua segurança.

5. Riscos Associados: Modelos de maior dimensão, se não desenvolvidos corretamente, podem apresentar problemas como memorização dos dados de treino, propagação de vieses ou vulnerabilidade a ataques. Por isso, uma abordagem metódica e rigorosa em termos de segurança e testes é indispensável.

6. Uso Indevido: Mesmo quando treinados corretamente, estes modelos podem ser mal utilizados. A criação de políticas para evitar aplicações danosas é uma necessidade que merece uma reflexão aprofundada.

Em suma, para que o desenvolvimento de LLMs seja efetuado de forma responsável, são necessários esforços significativos para ultrapassar desafios técnicos, aumentar a transparência, diminuir riscos e garantir que estes sistemas sejam benéficos para a sociedade. Uma abordagem colaborativa e a incorporação de práticas de engenharia conscientes e éticas são essenciais.

Construir Internamente ou Comprar Soluções Prontas?

As empresas estão cada vez mais interessadas em como incorporar eficazmente modelos de linguagem de grande escala (LLMs). Surge, então, uma dúvida crucial: deveriam desenvolver um LLM personalizado internamente ou adotar um modelo já existente disponibilizado ao público?

Um "modelo base LLM" é um LLM que já foi pré-treinado e é publicamente acessível, como o GPT-3 ou o LLaMA 2. Estes modelos já possuem habilidades linguísticas básicas integradas. Optar por personalizar um destes modelos pode representar uma economia significativa de tempo e recursos, em contraste com a criação de um novo LLM desde o início. A personalização destes modelos pode torná-los aptos para funções específicas numa empresa, por exemplo, funcionar como assistentes virtuais para apoio ao cliente.

Os benefícios de personalizar um modelo já existente incluem uma implementação mais célere, redução dos custos computacionais e a utilização de competências linguísticas já estabelecidas. No entanto, há desvantagens, como a limitação na customização e a dependência de um modelo externo.

Por outro lado, criar um LLM personalizado dá às empresas um controlo total sobre os dados e metas de treino, mas traz consigo desafios como a necessidade de uma curadoria intensiva de dados, maior esforço em engenharia, investimento em recursos computacionais, além de exigir um orçamento mais elevado e mais tempo.

Muitas organizações tendem a começar personalizando modelos já existentes e, à medida que os seus processos se consolidam, consideram o desenvolvimento de LLMs personalizados para necessidades mais específicas. Uma combinação de modelos pré-treinados com LLMs internos adaptados às necessidades do negócio pode ser a solução ideal. Contudo, é crucial avaliar as necessidades, os recursos disponíveis e os possíveis riscos ao decidir a estratégia de implementação de LLMs.

Conclusão

A constante evolução dos LLMs exige que se observe atentamente as suas capacidades crescentes, mas também se mantenha vigilância sobre os potenciais riscos associados. Empresas interessadas em tais tecnologias devem ter uma compreensão clara das suas limitações, especialmente no que diz respeito ao raciocínio, precisão e possíveis vieses. Ainda assim, quando implementados de forma consciente, os LLMs podem ser ferramentas valiosas para otimizar fluxos de trabalho. A jornada que temos pela frente requer uma abordagem ética e uma colaboração contínua entre humanos e tecnologia.

3

COMO OS LLM ENTENDEM A LINGUAGEM: DESMISTIFICANDO AS ARQUITETURAS LLM

No capítulo anterior, explorei a evolução acelerada dos modelos de linguagem de grande escala e as principais inovações que deram origem às suas capacidades atuais. Neste capítulo, vou aprofundar-me nas estruturas técnicas que sustentam os LLMs modernos, para compreender como conseguem a excelência em variadas tarefas linguísticas.

Centrar-me-ei nas redes neurais Transformer, uma inovação crucial no design de redes neurais que impulsionou a evolução dos LLMs desde 2018. Abordarei os elementos-chave desta arquitetura, como a autoatenção e as redes neuronais feedforward, responsáveis pela notável competência linguística destes modelos.

Explorarei também como as decisões de design nos LLMs baseados em Transformer influenciam suas funcionalidades, analisando o equilíbrio entre a adaptabilidade e a especificidade. Além disso, irei discutir as melhores práticas no desenvolvimento destes modelos, à medida que se tornam mais complexos, sublinhando a importância da transparência, fiabilidade e ética.

Ao esclarecer o funcionamento dessas arquiteturas avançadas, pretendo equipar os leitores com o conhecimento necessário para avaliar as capacidades e restrições dos LLMs, promovendo uma utilização informada e inclusiva dessas poderosas ferramentas. Embora não seja essencial um entendimento aprofundado para a sua utilização, uma compreensão bem fundamentada facilita a integração responsável e consciente destas tecnologias inovadoras.

No capítulo anterior, explorei a evolução acelerada dos modelos de linguagem de grande escala e as principais inovações que deram origem às suas capacidades atuais. Neste capítulo, vou aprofundar-me nas estruturas técnicas que sustentam os LLMs modernos, para compreender como conseguem excelência em variadas tarefas linguísticas.

Centrar-me-ei nas redes neurais Transformer, uma inovação crucial no design de redes neurais que impulsionou a evolução dos LLMs desde 2018. Abordarei os elementos-chave desta arquitetura, como a autoatenção e as redes neuronais feedforward, responsáveis pela notável competência linguística destes modelos.

Explorarei também como as decisões de design nos LLMs baseados em Transformer influenciam as suas funcionalidades, analisando o equilíbrio entre adaptabilidade e especificidade. Além disso, irei discutir as melhores práticas no desenvolvimento destes modelos, à medida que se tornam mais complexos, sublinhando a importância da transparência, fiabilidade e ética.

Ao clarificar o funcionamento destas avançadas arquiteturas, pretendo equipar os leitores com o conhecimento
necessário para avaliar as capacidades e restrições dos
LLMs, promovendo uma utilização informada e inclusiva
destas poderosas ferramentas. Embora não seja essencial
um entendimento aprofundado para a sua utilização, uma
compreensão bem fundamentada facilita a integração
responsável e consciente destas tecnologias inovadoras.

Transformers

Conforme abordado anteriormente, os modelos de
linguagem de grande escala utilizam redes neurais denomi-
nadas "Transformers" para processar e produzir linguagem
natural. Estas redes foram cruciais para avanços significativos em tarefas como tradução precisa de idiomas, síntese
de extensos artigos e realização de conversas ao estilo
humano.

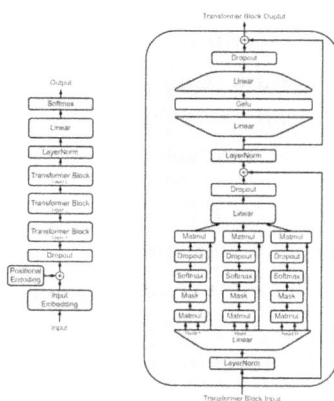

O modelo GPT original[67]

Mas como interpretam os Transformers a linguagem, comparativamente aos humanos? De seguida, apresentarei de forma simplificada algumas das principais inovações técnicas que lhes outorgam essa capacidade linguística.

Tokenização: Representando Palavras como Números

Os seres humanos compreendem palavras baseando-se em suas experiências culturais e linguísticas, apreendendo nuances e contextos. Em oposição, os computadores operam unicamente com números.

Introduzimos, portanto, o conceito de tokenização, que transforma texto em sequências numéricas.

Uma metodologia elementar consiste em designar um número específico para cada palavra. A título de exemplo, "olá" poderia corresponder ao número 1, enquanto "mundo" seria representado pelo número 2, e assim por diante.

Uma abordagem complementar fraciona palavras em segmentos reduzidos, denominados subpalavras, como prefixos, raízes ou sufixos. Ao associar números exclusivos a estas subpalavras, facilita-se a composição de palavras inéditas ou de maior complexidade. Por caso, "representação" pode ser dividida em "re-pres-ent-ação".

Mas qual a vantagem de utilizar subpalavras? Eis algumas razões:

- **Flexibilidade e Eficiência:** Utilizando subpalavras, o sistema ganha a capacidade de reconhecer palavras inéditas ou até mesmo com erros de digitação. Esta abordagem facilita o processamento de informações. Por exemplo, as palavras "treino" e "treinador" partilham a mesma raiz "trein".

- **Economia de Espaço:** Usar subpalavras reduz o tamanho do vocabulário que o modelo tem de gerir, otimizando o processamento. Contudo, é crucial encontrar um equilíbrio: subpalavras mais curtas podem abordar palavras raras, mas em alguns casos podem não capturar todo o contexto, exigindo mais capacidade computacional.

Exemplos práticos destacam a versatilidade deste método:

- A **Novel AI**[11] está a desenvolver ferramentas de IA focadas em narrativas. O seu tokenizador baseado em subpalavras mergulha em fragmentos detalhados de palavras, permitindo captar nuances na história. Esta abordagem comprime o texto de forma mais eficaz do que muitos concorrentes, proporcionando narrativas densas sem sacrificar o contexto.

- O **BloombergGPT** foi projetado para o universo financeiro. Ao invés de usar a tokenização baseada em subpalavras convencionais, adota a tokenização unigrama, que determina a melhor divisão de token com base no contexto do texto. O resultado é um sistema alinhado com as particularidades e termos técnicos do setor financeiro.

Resumindo, a tokenização converte a linguagem humana para um formato compreensível pelos sistemas informáticos, sendo uma peça-chave para o avanço dos modelos linguísticos.

Embeddings: Palavras como Pontos no Espaço

Após as palavras serem convertidas em números através da tokenização, o passo seguinte é dar-lhes uma representação matemática relevante, feita nas camadas de *embedding*.

Os *embeddings* transformam cada número associado a um token num ponto dentro de um espaço vetorial de alta dimensão. Estes espaços, com centenas ou até milhares de dimensões, vão além do nosso entendimento tridimensional habitual, abrangendo a complexidade da linguagem. Notavelmente, palavras com significados semelhantes tendem a estar próximas neste espaço. Por exemplo, "rei" e "rainha" estariam mais perto entre si, enquanto palavras não relacionadas ficariam distantes.

Esta disposição espacial forma-se durante a fase de treino, quando o modelo identifica relações entre as palavras, tendo por base o seu uso em enormes quantidades de texto. Esta proximidade reflete as ligações semânticas entre as palavras.

Assim, os *Transformers* conseguem representar, de forma matemática, as semelhanças e diferenças entre palavras, medindo a distância entre seus *embeddings*. É uma abordagem parecida com a forma como criamos mapas mentais de conceitos interligados ao longo das nossas experiências.

Contudo, a forma de fazer *embedding* não é única. Dependendo da tarefa, diferentes métodos podem ser aplicados. Por exemplo, na busca semântica:

Sistemas de busca tentam apresentar conteúdos mais alinhados com a pesquisa do usuário. Antigamente, focava-se apenas nas palavras-chave. No entanto, esta abordagem pode falhar ao ignorar conteúdos semelhantes em significado, mas com palavras diferentes. Aqui, os *embeddings* são vitais.

Por exemplo, num site de viagens:

Anna pesquisa "lugares tranquilos na praia em Bali".

Sem embeddings: O sistema procura exatamente pelas palavras da pesquisa. Poderia ignorar um artigo como "Praias Serenas: As Jóias Escondidas de Bali" pela ausência das palavras "tranquilo" ou "lugares".

Com embeddings: O sistema percebe que "serenas" e "tranquilas" são similares. Logo, o artigo seria recomendado para a Anna, proporcionando um resultado mais pertinente do que uma busca apenas por palavras-chave.

Ao adotar os *embeddings*, a Anna tem uma experiência de utilização melhorada, encontrando aquilo que procura mesmo usando palavras diferentes das existentes no conteúdo.

Eis algumas aplicações práticas:

- **Busca Semântica:** Motores de busca atuais, como o Google, já não se limitam a procurar por palavras-chave exatas. Eles adotam uma busca semântica, percebendo o contexto das pesquisas. Para isso, usam técnicas de *embedding* avançadas, visando combinar a intenção do utilizador com o conteúdo adequado.

- **Recomendações em Comércio Eletrónico:**
  Plataformas, como a Amazon, utilizam *embeddings*
  para interpretar as pesquisas dos utilizadores.
  Assim, conseguem sugerir produtos que, embora
  não tenham a palavra exata na descrição, são
  contextualmente semelhantes e relevantes.

- **Pesquisas em áreas Jurídica e Médica:** Em áreas de
  linguagem especializada, o contexto é vital. Os
  sistemas de busca que usam *embeddings* conseguem
  fornecer respostas mais acertadas, reconhecendo as
  conexões semânticas entre termos específicos.

Em resumo, os *embeddings* transformaram a maneira como
os computadores interpretam a linguagem. Ao adaptar e
otimizar esses *embeddings* para usos concretos, como nas
pesquisas, torna-se possível ter interações mais exatas e valiosas. Com esse entendimento, as empresas estão mais
preparadas para maximizar o potencial dos modelos
linguísticos atuais, oferecendo aos seus utilizadores experiências mais acertadas e compreensíveis.

Mecanismos de Atenção: Aprendendo a Focar

Após as palavras serem representadas como "embeddings"
no espaço vetorial, o desafio subsequente é discernir as suas
relações intrincadas em frases, para entender o seu
significado.

Aqui entram os mecanismos de atenção, que foram desenvolvidos para determinar quais palavras têm relevância
contextual. Estes mecanismos permitem que o modelo

distinga palavras que necessitam de maior foco das que são menos cruciais.

Imagine estes mecanismos como o foco de uma câmara, que realça os elementos vitais de uma cena, mantendo o fundo menos nítido. No entanto, esse fundo, apesar de desfocado, ainda contribui para a compreensão geral da cena.

Por exemplo, quando lemos uma frase, tendemos a dar mais importância a palavras chaves do que a artigos e preposições, que têm funções essencialmente gramaticais. Os mecanismos de atenção simulam essa capacidade, atribuindo pesos diferenciados às palavras conforme a sua importância. Assim, palavras cruciais são destacadas, enquanto as menos relevantes, ainda que consideradas, têm menos impacto.

Essa capacidade de focar seletivamente nas palavras certas proporciona avanços significativos na interpretação de textos, comparativamente a métodos que dão igual relevância a todas as palavras. Assim, o modelo aloca eficientemente os seus recursos às partes mais significativas do texto.

Autoatenção: Construindo Compreensão Global

A autoatenção aprimora os mecanismos de atenção, permitindo que cada palavra numa sequência de texto se relacione com todas as outras, em vez de se focar apenas nas palavras adjacentes.

Isso dota os modelos de uma perceção holística dos contextos, semelhante à humana. Por exemplo, a autoatenção pode identificar uma conexão entre "estudante" e "professor" numa frase que fala sobre interações em sala de aula, destacando significados que surgem de relações distantes no texto.

Para ilustrar:

- Considere a frase "O menino, que estava sentado no banco com um livro, acenou para o seu amigo". A ação central é "O menino acenou para o seu amigo".

- O segmento "que estava sentado no banco com um livro" dá-nos detalhes adicionais sobre o menino, mas distância as palavras "menino" e "acenou".

- A conexão entre "menino" e "acenou" é um exemplo de dependência distante, pois, embora não estejam juntas, estão interligadas semanticamente.

Ainda, a autoatenção multi-cabeça opera com várias "lentes" de atenção ao mesmo tempo, captando diferentes nuances do texto simultaneamente—seja em termos de significado, estrutura gramatical ou entidades.

Pode imaginar isto como ter diversas câmaras a filmar a mesma cena de vários ângulos, obtendo diferentes visões do acontecimento. A autoatenção multi-cabeça opera da mesma forma, captando vários detalhes de uma sequência textual.

Ao trabalharem em conjunto, estas "cabeças" de atenção permitem aos Transformers capturar e interpretar relações entre palavras de qualquer posição numa sequência, garantindo uma análise profunda e abrangente.

Optimização da Atenção através do Comprimento do Contexto

Os Transformers, apesar da sua capacidade, não podem processar sequências infinitamente longas devido a restrições computacionais. Assim, restringem a sua atenção a uma janela específica de palavras recentes.

Por exemplo, alguns modelos mais simples podem concentrar-se apenas nas últimas 512 palavras. Em contraste, modelos avançados como o Claude 2 conseguem abranger uma janela de até 75.000 palavras, permitindo-lhes analisar e compreender o conteúdo equivalente a centenas de páginas de texto. Apesar de janelas mais extensas oferecerem uma melhor capacidade de compreensão, também requerem mais recursos computacionais.

Na prática, esta janela de atenção "desliza" à medida que se processa o texto. As palavras que ficam fora dessa janela não são esquecidas, mas sim arquivadas como memórias. Estas podem ser revisitadas se forem relevantes para o contexto. Assim, enquanto a atenção do modelo está primariamente nos detalhes mais imediatos, ele retém a habilidade de aceder a informação anterior.

Este método oferece um equilíbrio: uma atenção focada no presente com a capacidade de recuperar memórias mais antigas. Através deste sistema, os Transformers simulam um tipo de compreensão de leitura similar à humana, onde a concentração no momento atual é complementada por um entendimento mais abrangente.

Simplificando a Estrutura dos Transformers

Os Transformers não apenas contêm mecanismos que destacam trechos específicos de um texto, mas funcionam também como linhas de montagem que processam palavras. É uma dinâmica parecida com a de uma fábrica que converte matérias-primas em produtos finais. Imagine que cada palavra é um bloco de LEGO. Isoladamente, um bloco simboliza uma palavra. Porém, ao serem submetidos a várias camadas de processamento nos Transformers, esses blocos unem-se formando estruturas complexas, análogo ao processo de juntar vários blocos de LEGO para construir algo maior.

Visualize o processo desta forma:

- Palavras individuais são blocos de LEGO básicos.

- As camadas iniciais dos Transformers começam formando estruturas básicas, como paredes, representando como as palavras se conectam.

- À medida que adicionamos mais camadas, as estruturas se tornam mais complexas, evoluindo de simples paredes para casas completas. Este processo reflete o aprendizado gradual do modelo, desde a compreensão de frases simples até documentos inteiros.

Quanto mais camadas empilhamos, mais sofisticada se torna a compreensão do modelo. Enquanto as camadas iniciais identificam padrões gramaticais, as camadas superiores podem compreender temas de textos extensos, identificando ligações entre palavras dispersas.

Contudo, treinar modelos com muitas camadas traz complicações. Imagine uma esteira de LEGO que, ao ser estendida demasiadamente, torna-se lenta ou até se rompe, espalhando blocos. Para contornar isso, os Transformers utilizam "conexões residuais", que são como atalhos que garantem que os blocos continuem a avançar de forma eficiente.

Muitos Transformers têm algumas dezenas de camadas, mas graças às conexões residuais, alguns modelos chegam a ter mais de 100 camadas. Isso lhes dá uma capacidade profunda de compreensão da linguagem, captando relações entre palavras afastadas.

Alguns exemplos de modelos notáveis incluem o GPT-3[12] da OpenAI, com até 96 camadas, e o BERT[13] do Google, que varia entre 12 e 24 camadas, dependendo da versão. A profundidade do modelo, medida pelo número de camadas, geralmente indica sua capacidade, mas não é o único fator determinante da sua eficácia.

Aprofundando a Capacidade de Aprendizado dos Transformers

A capacidade de um Transformer em armazenar e utilizar informações é fortemente influenciada pelo número de parâmetros treináveis que possui. Estes parâmetros são como configurações que o modelo ajusta para entender e processar diferentes palavras e contextos. Ao iniciar o treino, estes parâmetros têm valores aleatórios, mas são refinados à medida que o modelo é exposto a vastas quantidades de texto, como livros e sites.

Estas configurações otimizadas representam o conjunto de conhecimentos e compreensões que o modelo adquire. Quanto mais parâmetros, maior é a capacidade do modelo em captar nuances e compreender contextos complexos.

No entanto, ao trabalharmos com modelos de grande dimensão, surgem preocupações éticas. Dada a extensa capacidade de compreensão destes modelos, é vital garantir que sejam treinados de maneira ética e não amplifiquem, sem intenção, preconceitos ou informações incorretas.

Variações de Arquitetura: Entendendo as Diferentes Abordagens

No mundo empresarial, é comum encontrar termos técnicos como "codificador", "decodificador" e "codificador-decodificador". Estes referem-se a diferenças essenciais na arquitetura dos modelos de linguagem:

- **Codificadores:** Estes modelos são especialistas em analisar e compreender grandes quantidades de texto. Imagine-os como analistas que extraem conclusões de um vasto conjunto de dados. O BERT do Google, com os seus 110 milhões de parâmetros, é um exemplo que foi treinado usando a Wikipedia e diversos livros. São mais adequados para tarefas como pesquisa, análise de sentimento e classificação.

- **Decodificadores:** Estes focam na criação de texto a partir de instruções ou "prompts". São comparáveis a um escritor que redige um comunicado à imprensa. O GPT-3, com impressionantes 175 bilhões de parâmetros, treinado com textos da internet, é um exemplo notável. São ideais para funções gerativas, como interações com IA, produção de conteúdo e comunicação.

- **Codificador-Decodificador:** Ao combinar as características de ambos, estes modelos são capazes de entender textos e gerar respostas relevantes. Funcionam como estrategistas que avaliam um problema e propõem soluções. São frequentemente usados em traduções, sumarização de textos, entre outros.

É interessante notar que o GPT-3, apesar de ser essencialmente um decodificador, demonstra uma compreensão profunda similar aos codificadores. Graças ao seu extenso treino e dimensão, ele combina as melhores características dos codificadores, mesmo sem componentes de codificação distintos. A sua habilidade em gerar respostas contextualizadas evidencia a adaptabilidade dos modelos linguísticos modernos. Quando equipados com dados e poder computacional adequados, conseguem ultrapassar restrições arquitetónicas tradicionais.

Contudo, não há uma solução única que seja a melhor em todas as situações. Cada arquitetura tem as suas forças e fraquezas:

- Codificadores são eficientes e requerem menos recursos, mas podem não ser os melhores em gerar textos fluentes.

- Decodificadores geram textos de alta qualidade, mas necessitam de um treino intensivo.

- Combinações de codificador-decodificador proporcionam um equilíbrio entre compreensão e fluência na geração de texto.

Modelos Unidirecionais vs. Bidirecionais

A ordem das palavras numa frase pode alterar significativamente o seu significado. Esta realidade originou dois modos principais de processar sequências em modelos de linguagem:

Modelos Unidirecionais:

Imagine ler um livro, registando apenas o que leu até ao momento e sem espreitar as próximas páginas. É desta forma que os modelos unidirecionais atuam. Baseiam-se no contexto anterior para fazer previsões. Por exemplo, ao tentar completar a frase "O gato subiu na ___", utilizariam o contexto de "O gato subiu na", sem levar em conta palavras que possam surgir a seguir.

Modelos Bidirecionais:

Contrastando, visualize ler um livro, consultando tanto as páginas anteriores quanto as seguintes para compreender o conteúdo atual. Esta é a abordagem dos modelos bidirecionais. Analisam o contexto tanto anterior quanto posterior para entender ou antecipar palavras. No exemplo anterior, tal modelo ponderaria as palavras antes e depois de "na ___" para realizar a sua previsão, proporcionando uma visão mais contextualizada.

Os modelos bidirecionais, ao incorporarem informação de ambos os lados, alcançam uma compreensão textual mais profunda, identificando nuances que um modelo unidirecional poderia omitir. Contudo, possuem desafios: são excelentes para compreensão e classificação, mas para tarefas de geração de texto, como completar uma frase, podem encontrar dificuldades devido à sua tendência de considerar informação futura, algo não presente em cenários genuinamente generativos.

Reconhecer estas nuances ajuda-nos a valorizar as decisões arquitetónicas dos modelos de linguagem, otimizando-os conforme a tarefa: compreensão ou geração de texto.

Seleção de Vocabulário

Neste ponto, você pode estar a perguntar-se: como os modelos decidem em quais palavras se concentrar ou incluir? O cerne desta questão reside na complexidade da seleção de vocabulário.

Imagine uma biblioteca com espaço limitado nas prateleiras, mas com um suprimento ilimitado de livros. O bibliotecário tem que escolher quais livros colocar nas prateleiras para os leitores. Da mesma forma, ao construir um modelo de linguagem, há um limite para o número de palavras (ou tokens) que podem ser gerenciadas efetivamente. Esta seleção de palavras é o vocabulário do modelo.

Mas como escolhemos essas palavras?

• Palavras Comuns: Tal como best-sellers (livros mais vendidos) que ocupam espaço de destaque numa biblioteca, as palavras típicas da vasta extensão da internet recebem prioridade. Essas são as palavras que usamos em conversas ou escrita diárias.

• Termos Técnicos e Temáticos: No entanto, assim como livros especializados em nossa analogia da biblioteca, algumas palavras são mais de nicho, específicas para determinados tópicos ou campos técnicos. Em um modelo expansivo, pode haver representação limitada para esses termos. Imagine um livro de arquitetura numa biblioteca predominantemente preenchida com romances policiais. O jargão e conceitos específicos no livro de arquitetura podem não receber tanta atenção.

O processo de seleção de vocabulário é, portanto, tanto uma arte quanto uma ciência. Ele molda quais conceitos e nuances o modelo pode representar, entender e gerar. A escolha das palavras incluídas (ou excluídas) no vocabulário pode influenciar muito a experiência do modelo em determinados domínios, a sua capacidade de generalização e os seus pontos cegos.

Portanto, embora a arquitetura subjacente e os mecanismos de aprendizado sejam cruciais, as próprias palavras que esses modelos aprendem desempenham um papel fundamental. É como assegurar que a nossa biblioteca não tenha apenas best-sellers, mas também leituras essenciais de vários domínios, fornecendo uma base de conhecimento equilibrada e abrangente.

Vamos mergulhar no vocabulário dos LLMs na prática:

1. LLM Generalista—GPT (da OpenAI)

Semelhante a uma biblioteca pública que possui uma variedade diversificada de livros, o GPT foi treinado em vastas seções da internet. Seu vocabulário é amplo e cobre uma ampla gama de tópicos.

É útil para uma variedade de tarefas gerais, como IA conversacional, geração de conteúdo e sumarização em muitos domínios.

No entanto, embora possa abordar muitos tópicos, a sua profundidade em assuntos altamente especializados pode ser limitada em comparação com modelos específicos de domínio.

2. LLM Jurídico—LegalBERT (adaptado do BERT para textos jurídicos)

Como uma biblioteca jurídica, o LegalBERT está saturado com referências a casos e terminologias pertinentes ao campo jurídico.

Ele se destaca na compreensão de documentos jurídicos, contratos e resumos de casos judiciais, ajudando advogados em pesquisa e análise jurídica.

O vocabulário especializado fornece insights sobre nuances jurídicas complexas, um feito desafiador para LLMs genéricos.

Esses exemplos mostram que, embora um LLM generalista como o GPT-3 seja um faz-tudo, existem LLMs específicos de domínio finamente sintonizados para setores particulares. Os seus vocabulários foram elaborados para oferecer profundidade, precisão e a ilusão de experiência nos seus respectivos domínios, tornando-os ativos úteis para tarefas especializadas. No entanto, esses LLMs específicos de domínio ainda são apenas representações estatísticas de palavras, não mecanismos de raciocínio que compreendam totalmente os tópicos que abrangem.

Modelos Base vs Modelos Ajustados

Os modelos base fornecem fundações amplas, como um consultor com conhecimento multisectorial. Por exemplo, o GPT-3 se destaca em tarefas gerais como criação de conteúdo, sem treino adicional além de seu pré-treino original.

A afinação especializa modelos treinando-os em conjuntos de dados de nicho, transformando generalistas em especialistas em linguagem do setor. Por exemplo, o GPT-3, refinado em documentos jurídicos, gera rascunhos especializados usando conceitos jurídicos. LLMs médicos refinados em pesquisas respondem a consultas de pacientes intricadas.

A afinação desbloqueia o tremendo potencial de modelos pré-treinados ao adaptá-los para necessidades comerciais. Mas a busca cega por métricas arrisca má alinhamento, necessitando supervisão holística humana.

O Caminho que se Avizinha

A rápida evolução dos LLMs convida a um olhar mais atento às suas capacidades em expansão, ao mesmo tempo em que também causa vigilância em relação aos potenciais riscos.

As empresas que exploram aplicações devem manter perspectivas realistas sobre as limitações atuais em torno do raciocínio, factualidade e preconceitos.

No entanto, os LLMs também oferecem uma plataforma versátil para aprimorar fluxos de trabalho—se implantados com ponderação. O caminho à frente mantém-se aberto para deliberação ética, co-criação entre humanos e tecnologia.

4

A ARTE DOS PARÂMETROS DE INFERÊNCIA

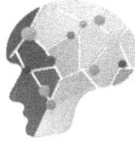

No mundo da IA, especialmente ao trabalhar com modelos de linguagem de grande escala, a "inferência" é a fase em que pedimos ao modelo para gerar ou prever conteúdo com base no seu treino. Você já se perguntou como podemos influenciar o LLM para criar conteúdo da maneira que desejamos durante a fase de inferência? O segredo está num conjunto de configurações chamadas "parâmetros de inferência". Neste capítulo, eu vou revelar alguns desses parâmetros e mostrar como eles nos ajudam a moldar a saída do LLM para as nossas necessidades específicas.

O Limite de Comprimento: Máximo de Novos Tokens

Considere "máximo de novos tokens" semelhante a definir um limite de palavras para um escritor em relação ao tamanho de um capítulo. Trata-se de uma maneira de instruir o modelo sobre o comprimento desejado para a sua resposta.

Exemplo: Se estiver à procura de escrever um tweet rápido, definiría um valor pequeno, como 50 tokens. Para uma introdução mais extensa de um artigo de blog, talvez escolha 200 tokens. Apenas lembre-se, como dizer a um autor um limite de palavras, por vezes o modelo pode terminar antes do previsto.

Em um modelo como o LLM, cada token representa um pedaço de informação, que pode ser tão curto quanto um caractere ou tão longo quanto uma palavra. Ao definir um limite no número de tokens, estamos essencialmente definindo um orçamento computacional. Limitar tokens garante que o modelo não exceda restrições computacionais ou de janela de contexto, enquanto ainda tenta fornecer conteúdo significativo dentro desse limite.

O Caminho de Menor Resistência: Decodificação Gulosa

A decodificação gulosa é análoga a um escritor que sempre opta pela palavra mais óbvia a seguir em uma frase, selecionando a alternativa mais previsível e segura.

Exemplo: Ao prever o final da frase "O sol está...", o modelo pode escolher "... brilhando" porque é uma conclusão comum e segura.

A decodificação gulosa é uma abordagem determinística. A cada passo, o modelo calcula as probabilidades de todos os próximos tokens possíveis (com base nos seus dados de treino) e simplesmente escolhe aquele com a maior probabilidade. Embora seja computacionalmente eficiente, nem sempre produz as saídas mais diversas ou nuançadas, já que está sempre visando o próximo passo mais provável.

Uma Pitada de Aleatoriedade: Amostragem Aleatória

Na amostragem aleatória, a seleção de cada palavra (ou token) ocorre de acordo com sua probabilidade, sem se restringir à opção mais provável. Isso pode ser visualizado como girar uma roleta ponderada, onde os segmentos para cada palavra são dimensionados de acordo com as suas probabilidades.

Exemplo:

Para a frase "O sol está...", vamos considerar os próximos tokens previstos pelo modelo e as suas probabilidades:

- brilhando: 50%
- se pondo: 25%
- brincando: 0,5%
- quente: 1%
- luminoso: 0,8%
- ... (e mais opções com probabilidades menores)

Se visualizar essas probabilidades numa roleta:

- O segmento para "brilhando" cobriria metade da roleta por causa da sua probabilidade de 50%.
- "Se pondo" pode cobrir um quarto dela.
- "Brincando" teria um segmento muito menor, etc.

Quando a roleta é girada, é muito provável que caia em "brilhando", mas há uma chance de cair em "brincando" ou qualquer uma das outras opções.

Para a frase "O sol está...", usando a decodificação gulosa, o LLM sempre escolheria "brilhando" porque tem a maior probabilidade. Mas com a amostragem aleatória, há uma possibilidade do LLM às vezes escolher "brincando" (apesar da sua probabilidade menor) e acabar gerando a continuação "...brincando de esconde-esconde atrás das nuvens." Isso pode produzir saídas mais diversas e criativas.

No entanto, vale observar que, embora este método garanta diversidade nas saídas, há uma compensação: as saídas podem ocasionalmente ser menos coerentes ou contextualmente apropriadas, já que a escolha de maior probabilidade nem sempre é selecionada.

Filtrando as Escolhas: Amostragem Top-k e Top-p

Esses métodos assemelham-se a oferecer a um pintor, que neste caso é a nossa IA, uma paleta de cores limitadas (palavras) para criar a sua obra.

1. Amostragem Top-k

O modelo considera apenas os 'k' tokens mais prováveis, ignorando o resto. Isso introduz um equilíbrio entre aleatoriedade total e seleção gulosa.

Exemplo:

Vamos dizer que para a frase "A maçã está...", as previsões de token próximo do modelo e as suas probabilidades são:

- vermelha: 4%
- verde: 3%
- madura: 2%
- suculenta: 0,5%
- azeda: 0,3%
- brilhante: 0,1%

- ... (e muitas outras com probabilidades menores)

Se definirmos k=3, o modelo considerará apenas as 3 palavras mais prováveis. Nesse caso, "vermelha", "verde" e "madura" seriam escolhidas e as probabilidades seriam normalizadas entre elas.

2. Amostragem Top-p

Em vez de um número fixo de top tokens, o modelo considera um conjunto dinâmico de tokens cuja probabilidade combinada excede um limite 'p'. Isso garante um nível de imprevisibilidade ao mesmo tempo em que elimina escolhas extremamente improváveis e potencialmente sem sentido.

Usando as probabilidades acima:

Se definirmos p = 6%, então:

vermelha (4%) + verde (3%) = 7% (que excede 6%)

Nesse caso, "vermelha" e "verde" seriam escolhidas. Se aumentássemos p para 7%, "madura" também seria incluída, já que:

vermelha (4%) + verde (3%) + madura (2%) = 9% (que excede 7%)

A principal diferença é que o top-k possui um número fixo de escolhas, enquanto o top-p permite um número variável de escolhas, dependendo das suas probabilidades.

Ajustando o Termostato Criativo: Temperatura

A temperatura influencia diretamente o grau de criatividade ou aleatoriedade nas respostas do modelo. Imagine um chefe ajustando o calor ao cozinhar; mais calor (temperatura mais alta) significa sabores mais ousados (mais criatividade), enquanto menos calor leva a resultados mais suaves.

Exemplo Simplificado: Com uma configuração de baixa temperatura, nossa frase "O céu ao pôr do sol é..." provavelmente terminaria com "...bonito". Aumente essa temperatura e você pode obter "...uma tela de sonhos."

Para uma temperatura de T=1

- bonito: 3%
- laranja: 2%
- escurecendo: 1%
- uma tela de sonhos: 0,5%
- ... (e mais opções)

Para uma temperatura de T=0,5 (baixa temperatura)

- bonito: 6%
- laranja: 4%
- escurecendo: 2%
- uma tela de sonhos: 1%
- ... (valores amplificados)

Consequentemente, "bonito" teria uma probabilidade ainda maior, e o modelo provavelmente o escolheria.

No entanto, para uma temperatura alta, digamos T=2, "uma tela de sonhos" se torna mais provável, levando a uma saída mais criativa.

- bonito: 1,5%
- laranja: 1%

- escurecendo: 0,5%
- uma tela de sonhos: 0,25%
- ... (valores reduzidos)

Essa versão com escala reduzida torna a diferença entre as probabilidades menos pronunciada.

Imagine a temperatura como um "botão" que regula o nível de confiança do modelo. Na sua configuração básica (um valor de 1), o modelo responde da maneira que está mais treinado. Gire o botão para cima (acima de 1) e o modelo se torna mais experimental, às vezes oferecendo respostas surpreendentes. Gire-o para baixo (abaixo de 1) e o modelo se apega mais ao que acha ser a resposta mais esperada, sendo mais cauteloso. É como ajustar o tempero num prato; uma pequena mudança pode fazer uma grande diferença no sabor.

Conclusão

Entender esses parâmetros de inferência nos capacita a aproveitar melhor o potencial criativo do LLM. Trata-se menos sobre o jargão técnico e mais sobre conhecer as alavancas e botões que podemos ajustar para o pôr a funcionar para nós.

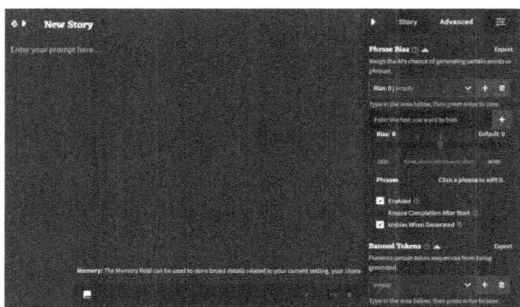

Parâmetros de inferência configuráveis pelo utilizador da Novel AI

Algumas aplicações, como o Novel AI—um copiloto de escrita—permitem que os utilizadores ajustem os comandos para melhor alcançar os seus objetivos. Isso complementa o prompt, dando aos utilizadores finais mais maneiras de obter o melhor do LLM base.

5

CASOS DE USO APROPRIADOS PARA LLM: UMA PERSPECTIVA MATIZADA

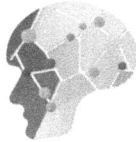

Os modelos de linguagem de grande escala demonstram notável fluência e versatilidade quando adequadamente solicitados. No entanto, a sua natureza estatística significa que as saídas carecem de raciocínio robusto. Este capítulo explora casos de uso responsáveis que aproveitam os pontos fortes dos LLMs como auxiliares, não como especialistas autônomos. Destacam-se aplicações promissoras em áreas como educação, busca e codificação onde os LLMs se saem bem em aumentar as capacidades humanas. No entanto, cada seção também examina limitações que exigem implementação judiciosa. Minha orientação enfatiza a configuração dos LLMs como ferramentas úteis, porém falíveis, que requerem supervisão humana contínua.

Inspiração Criativa

Os LLMs realmente se sobressaem na geração fluida de textos criativos, códigos e ideias quando recebem prompts com conteúdo-base para prosseguir. A sua capacidade de continuar padrões estatisticamente combinada com amostragem estocástica produz imenso material original.

O termo "amostragem estocástica" refere-se ao elemento aleatório em como os LLMs geram múltiplas continuações possíveis de um prompt. É semelhante a jogar um par de dados—você não pode prever os números exatos que aparecerão, mas a gama de possibilidades é finita. Da mesma forma, quando solicitado, um LLM seleciona aleatoriamente palavras para formar respostas originais dentro do escopo dos padrões aprendidos durante o treino. Ao produzir variadas opções dessa maneira probabilística, em vez de uma única saída determinística, os LLMs podem aumentar a novidade e diversidade do conteúdo gerado.

Utilizadores criativamente improvisando com LLMs relatam mais produtividade e inspiração. Interação livre com modelos amplifica a imaginação humana e estimula novas conexões entre conceitos.

No entanto, esse potencial criativo levanta importantes considerações de direitos autorais e ética. Muitas vezes, os LLMs são treinados em vastos conjuntos de dados que incluem materiais protegidos por direitos autorais, como livros e artigos. Esse processo de treino pode infringir os direitos de artistas, autores e outros criadores de conteúdo, levando a sérios dilemas legais e éticos.

Escritores de fan fiction[14] perceberam que a startup de IA Sudowrite exibia conhecimento suspeitosamente detalhado de tropos e terminologia de nicho. Termos que são sem sentido fora dos seus espaços de fãs. A familiaridade do modelo com esses elementos hiperespecíficos evidencia que foi treinado em conteúdos de fanfic sem atribuição ou consentimento apropriados, provocando protestos nas comunidades online de criadores. Embora as histórias de fan fiction sejam obras derivadas, esses escritores hobbyistas não lucram com seu espaço criativo legal. Isto realça a necessidade de uma análise ética muito mais rigorosa das fontes de dados de treino e das práticas de atribuição em modelos de IA generativos.

É imperativo que as empresas priorizem a obtenção ética dos seus dados de treino, garantindo que respeitem direitos autorais e de propriedade intelectual. Com práticas de dados bem pensadas, os LLMs podem liberar a criatividade humana sem explorar o trabalho de outros.

Auxiliar de Conversa

Os LLMs de hoje se destacam em continuar padrões conversacionais de maneira natural e envolvente quando adequadamente incentivados. A sua versatilidade permite que eles cubram uma ampla gama de tópicos e respondam adequadamente a conversas casuais, perguntas simples e outras interações comuns do utilizador. Embora a coerência e a precisão possam falhar em diálogos longos e complexos, os LLMs mostram-se muito apropriados como agentes conversacionais auxiliares que têm como objetivo fornecer informações úteis aos usuários de maneira eficiente.

Por exemplo, um assistente virtual alimentado por um LLM no site de uma empresa poderia responder às perguntas frequentes de atendimento ao cliente fazendo a correspondência de perguntas do utilizador com respostas comuns. Isso permite atender rapidamente a muitas necessidades rotineiras do utilizador. No entanto, erros e contradições podem surgir quando as conversas saem do script.

Técnicas adicionais devem complementar os pontos fortes conversacionais dos LLMs:

- Aumento de recuperação[15] combina um LLM com dados do mundo real de APIs, bancos de dados e bases de conhecimento para fundamentar respostas em fatos, em vez de apenas padrões de texto. Por exemplo, um assistente virtual de atendimento ao cliente poderia consultar um banco de dados interno para recuperar o histórico de compras e o status do pedido de um utilizador antes de responder à sua pergunta. Isso permite que o assistente virtual aumente as suas capacidades de linguagem natural com dados precisos e personalizados, como detalhes do pedido e datas de entrega. Dessa forma, o aumento de recuperação complementa os pontos fortes conversacionais dos LLMs com precisão factual.

- Modelos em conjunto[16] (ensemble) misturam saídas de vários LLMs para melhorar a precisão geral.

- Formação contínua em logs de interações reais de clientes ajusta ainda mais o desempenho.

Com as técnicas complementares certas e supervisão humana, os LLMs podem permitir experiências conversacionais mais naturais e produtivas entre utilizadores e sistemas de IA focados na troca eficiente de informações. Os seus pontos fortes os tornam auxiliares valiosos, mas a orientação humana e as técnicas complementares são essenciais para superar as limitações inerentes.

Conhecimento de Base

Os modelos de linguagem de grande escala contêm conhecimentos mundiais expansivos que lhes permitem resumir concisamente os principais temas e conceitos em torno de um tópico complexo. Isso permite fornecer eficientemente aos utilizadores um contexto informativo para orientá-los antes de mergulhar em detalhes. Por exemplo, um LLM pode descrever os principais eventos, figuras e linha do tempo de alto nível da Segunda Guerra Mundial para ambientar um leitor novo no tópico.

Embora ótimos para resumir a amplitude tópica, os LLMs costumam omitir ou deturpar fatos fundamentais devido à imprecisão. Combinar aumento de recuperação de dados estruturados com geração por LLM permite cimentar a visão geral com detalhes concretos. O resumo LLM orienta o leitor, enquanto estatísticas, cronologias, exemplos e definições recuperados fundamentam o resumo na precisão. Técnicas adicionais, como revisão humana dos resumos finais, também podem melhorar a precisão.

Com as técnicas complementares certas, resumos gerados por LLM podem envolver os utilizadores com conhecimentos tópicos de alto nível, ao mesmo tempo em que também integram detalhes factuais precisos por meio da recuperação. Essa abordagem híbrida fornece orientação junto com fundamentação.

Aumento de Busca e Resposta a Questões

Os modelos de linguagem de grande escala demonstraram grande habilidade na interpretação da intenção por trás de perguntas complexas e prolixas. Essa capacidade de linguagem natural torna os LLMs auxiliares úteis para mecanismos de busca e sistemas de perguntas e respostas, que podem ter dificuldade em analisar consultas humanas longas e ambíguas. Um LLM pode reescrever perguntas prolixas em consultas simples e claras que transmitem melhor qual informação o utilizador deseja. Por exemplo, uma pergunta verbosa sobre taxas de hipoteca poderia ser destilada para "Quais são as taxas atuais de hipoteca fixa de 30 anos?". Isso permite que os sistemas de busca recuperem resultados e respostas mais precisos.

Para entender como os LLMs podem aprimorar ainda mais a busca, é importante revisitar os embeddings abordados no capítulo anterior. Embeddings são representações vetoriais de palavras onde palavras com significados semelhantes são mapeadas para pontos próximos no espaço vetorial. Isso permite que os modelos entendam semelhanças semânticas entre palavras.

Por exemplo, palavras-chave como "carro", "automóvel" e "veículo" teriam representações de embedding próximas umas das outras, embora sejam palavras diferentes.

Compare isso com a pesquisa por palavras-chave tradicional:

- A pesquisa por palavras-chave indexa documentos e consultas com base na correspondência de termos exatos. Então, uma pesquisa por "carro" só corresponderia a páginas com essa palavra exata, perdendo sinônimos.

- A busca por embeddings compreende a similaridade semântica entre palavras como "carro" e "automóvel", baseando-se na proximidade de seus embeddings. Então, uma consulta por "carro" também corresponderia a páginas com a palavra "automóvel", aumentando a abrangência. O mesmo se aplica a frases, onde "Qual é o seu nome?" e "Meu nome é Flora" estarão mais próximos entre si do que "Quem ganhou a Copa do Mundo?".

Ao entender a semântica, os embeddings permitem que os mecanismos de busca correspondam à intenção do utilizador com conteúdo relevante, mesmo quando as palavras-chave não se sobrepõem exatamente.

Algumas empresas estão aprimorando LLMs com programação para lidar com o raciocínio para determinados tipos de perguntas que exigem etapas como operações matemáticas. Esses "LLMs auxiliados por programa"[17] mostraram benefícios em tipos limitados de perguntas que exigem passos. No entanto, eles ainda precisam de controle humano extensivo para funcionar corretamente numa ampla gama de perguntas e respostas.

Técnicas adicionais poderiam potencializar ainda mais os sistemas de busca e de Resposta a Questões (QA). A combinação de fatos recuperados de bases de conhecimento com as interpretações de consultas geradas por LLMs pode aprimorar significativamente a compreensão. Treinar LLMs em registros de perguntas reais do utilizador pode sintonizá-los para corresponder melhor aos padrões naturais de busca. Mas a revisão humana continua essencial para filtrar quaisquer interpretações imprecisas feitas pelo LLM.

Com o equilíbrio certo de capacidades, os LLMs podem esclarecer a intenção de perguntas complexas como um auxílio aos mecanismos de busca e sistemas de QA que recuperam as respostas finais. Eles são mais eficazes como parte de uma abordagem pensada de conjunto.

Ideação de Baixo Risco

A ideação divergente para brainstorming inicial se beneficia muito da capacidade dos LLMs para oferecer complementos relevantes e abrangentes. A sua estocasticidade e falta de julgamento crítico encorajam a exploração de associação livre. No entanto, depender unicamente de ideias geradas por LLMs sem consideração mais profunda de ética, segurança e racionalidade corre o risco de negligências perigosas. Os LLMs devem apoiar, mas não substituir, o pensamento deliberativo cuidadoso.

Sugestões de Código

Pesquisas indicam que IA gerativa como Codex pode acelerar a produtividade do desenvolvedor por meio de assistência automatizada de código. Ao sugerir sintaxe, APIs e padrões comuns, essas ferramentas podem agilizar tarefas repetitivas de codificação, permitindo que os desenvolvedores foquem em desafios de maior valor. Um estudo da McKinsey[18] identificou melhorias de produtividade de duas a três vezes em atividades como documentação e refatoração de código.

No entanto, os experts alertam que essas ferramentas têm limitações. Para tarefas novas e complexas que exigem engenharia personalizada, os ganhos podem diminuir consideravelmente. A supervisão humana permanece essencial para resolver requisitos complicados, garantindo a qualidade arquitetónica e a revisão de código. A IA generativa é melhor usada para aumentar os desenvolvedores, em vez de substituí-los.

O papel ideal é como um auxílio que complemente programadores habilidosos. Com princípios de desenvolvimento responsável e orientação humana focados em aumento, as ferramentas de assistência de código desbloqueiam melhorias de produtividade em codificação rotineira sem sacrificar o rigor. Mas a dependência exclusiva da IA generativa corre o risco de resultados indesejáveis. Com a integração colaborativa certa, essas tecnologias podem expandir a capacidade dos desenvolvedores mantendo a qualidade.

Contudo, surgiram preocupações legais relacionadas às ferramentas de geração de código com IA, a exemplo do GitHub Copilot, que utiliza o modelo Codex da OpenAI. A OpenAI treinou o Codex em bilhões de linhas de código público, incluindo repositórios do GitHub. Um recente processo coletivo[19] alega que o Copilot viola licenças código aberto ao reproduzir código licenciado sem atribuição adequada com base nos seus fundamentos no Codex.

O processo argumenta que isso constitui "pirataria de software". Embora os réus Microsoft, GitHub e OpenAI aleguem proteções de uso justo, especialistas observam o território legal indefinido em relação a dados de treino de IA. A prudência dita uma abordagem cautelosa pendente dessas questões em aberto. Como com qualquer tecnologia, a implementação responsável alinha inovação com os direitos das partes interessadas.

Sumarização

Os LLMs mostraram capacidade promissora de resumir documentos extensos em visões gerais concisas capturando informações fundamentais. A sua aprendizagem estatística permite identificar tópicos e temas centrais analisando padrões de palavras em corpora. Quando fornecido com um longo texto, o LLM pode gerar um resumo curto destacando as ideias e eventos principais.

Essa capacidade de sumarização torna os LLMs auxiliares úteis para digerir material complexo rapidamente. Por exemplo, um executivo poderia inserir um extenso relatório de negócios num LLM e receber de volta um resumo de alto nível conciso capturando os principais pontos. Isso permite compreender eficientemente a essência antes de mergulhar nos detalhes.

No entanto, resumos LLMs correm o risco de imprecisões e omissões sem supervisão humana. Fatos e números fundamentais podem ser perdidos ou deturpados devido à natureza estocástica da geração de texto. Análises e conclusões nuançadas exigem discernimento humano, não apenas padrões estatísticos de palavras.

Os LLMs devem aumentar fluxos de trabalho de sumarização, em vez de agir de forma autônoma. Casos de uso eficazes envolvem LLM como auxílios para sugerir texto que os humanos refinam com supervisão. Automação total corre o risco de baixa qualidade e problemas éticos. Com colaboração, os LLMs podem aprimorar a produtividade de escrita sem sacrificar a precisão ou os direitos do criador. Mas a dependência exclusiva de modelos deixa lacunas que precisam do discernimento humano.

Escrita

Os LLMs mostram imensa criatividade na geração de texto original quando fornecidos com prompts contendo conteúdo semente para continuar. A sua fluência os torna versáteis auxiliares de escrita, tanto para ficção quanto para não ficção. Muitos autores relatam que os LLMs ajudam a superar o bloqueio do escritor, fornecendo sugestões úteis para improvisar.

No entanto, preocupações éticas e legais em torno do uso de livros pirateados protegidos por direitos autorais para treinar LLMs levantam questões para escrita ficcional, como destacado num relatório investigativo do The Atlantic[20]. A escrita generativa carrega o risco de replicar, mesmo que implicitamente, elementos das obras de autores cujos trabalhos foram utilizados sem o devido consentimento. É necessário um cuidado muito maior na obtenção de dados de treino.

Para não ficção, como escrita de negócios, os LLMs podem produzir eficientemente rascunhos que capturam padrões e temas de material de origem. Mas imprecisões costumam surgir, precisando de correção. Ideias fundamentais podem ser perdidas ou mal interpretadas pela natureza estatística da geração. Análise nuançada exige discernimento humano.

Casos de uso responsáveis envolvem LLMs como auxílios para sugerir texto que os humanos refinam com supervisão. Automação total corre o risco de baixa qualidade e problemas éticos. Com colaboração, os LLMs podem melhorar a produtividade da escrita sem sacrificar a precisão ou os direitos do criador. Mas a dependência exclu-

siva de modelos deixa lacunas que precisam do discernimento humano.

Contexto Educacional

A IA generativa está a moldar o panorama educacional de
maneiras profundas. A sua incursão na educação abriu as
portas para métodos dinâmicos de engajamento, tanto para
alunos quanto para educadores.

Umas das aplicações mais promissores são os Sistemas de
Tutoria Inteligente. Aqui, os LLMs, com a sua capacidade de
entender e responder a diversas consultas de alunos,
oferecem orientação através de tópicos intricados. Isso não é
diferente de ter um tutor pessoal disponível 24 horas por
dia. Além disso, o tédio de projetar questionários manualmente agora está sendo substituído por LLMs que podem
gerar espontaneamente uma variedade de perguntas sobre
qualquer tópico, garantindo que os alunos sejam testados de
forma abrangente. E depois há a perspectiva de livros didáticos interativos: imagine livros educacionais que envolvam
alunos em tempo real, respondendo as suas dúvidas e sugerindo conteúdo relevante à medida que aprendem.

As vantagens de infundir a educação com LLMs são multifacetadas. Seu talento para personalizar conteúdo poderia
significar que cada aluno recebe uma experiência de aprendizado adaptada ao seu ritmo e compreensão. Mais ainda, a
escalabilidade inerente dos LLMs garante que um amplo
espectro de alunos possa se beneficiar simultaneamente,
democratizando a educação de qualidade. Para educadores,
tarefas rotineiras, como responder dúvidas comuns, poderiam ser externalizadas para esses modelos, permitindo que
eles invistam tempo em aspectos mais nuançados do ensino.

Talvez o aspecto mais revolucionário seja seu potencial para democratizar a educação. Ao tornar recursos de alta qualidade acessíveis e a preços acessíveis, comunidades desfavorecidas em todo o mundo podem vivenciar aprendizado enriquecido.

No entanto, é essencial abordar essa inovação com um olhar perspicaz. Os LLM, sendo treinados em conjuntos de dados vastos e variados, podem inadvertidamente perpetuar vieses. Eles podem falhar, apresentando informações que não são totalmente precisas, e a curadoria de conteúdo adequado à idade continua sendo uma preocupação premente. Além disso, confiar em comunidades desfavorecidas para testar métodos educacionais não confiáveis e recursos de baixa qualidade é antiético. Entender essa distinção será crucial à medida que a automação cresce em ambientes educacionais.

A despeito do atrativo da automação, a alma da educação permanece com os educadores humanos. Eles transmitem não apenas conhecimento, mas também apoio emocional, mentoria e um toque humano que nenhuma IA pode emular. Embora os LLMs sejam ótimas ferramentas, eles devem ser integrados com sabedoria. Isso inclui usar conjuntos de dados testados para treiná-los, combinando conhecimento armazenado com as suas capacidades gerativas para uma resposta abrangente e monitorando e refinando consistentemente as suas saídas com base em feedback pedagógico.

Enquadramento Apropriado

Um grande fator no emprego benéfico versus prejudicial dos LLMs é enquadrá-los adequadamente. Retratar os

LLMs como resultados autônomos leva a uma confiança excessiva das pessoas nas saídas. Enquadrar os LLMs como ferramentas falíveis que geram texto estatisticamente, em vez de por meio de conhecimento estruturado, encoraja uma supervisão saudavelmente cética. Tal como outros geradores estatísticos de texto, como busca e recomendação, os LLMs produzem saídas úteis, mas não definitivas, para os humanos desenvolverem pensadamente.

A sabedoria vigilante vem de preservar humanos no circuito, em vez de caixas pretas totalmente automatizadas. Os LLMs alcançam os maiores benefícios reais trabalhando em concerto com especialistas de domínio, analistas, eticistas e comunidades afetadas. Isso mantém a agência humana significativa nos processos de decisão, em vez de excessiva confiança em texto gerado estatisticamente.

6

DESBLOQUEANDO GANHOS DE PRODUTIVIDADE DA IA GENERATIVA

O advento de modelos de linguagem de grande escala e outras formas de IA generativa gerou amplo debate sobre como essas tecnologias poderiam transformar operações de negócios.

No entanto, evidências concretas sobre como essas ferramentas afetam o desempenho profissional no mundo real permanecem limitadas. Embora promissoras, a IA generativa ainda é uma tecnologia emergente. É necessária uma pesquisa ponderada para avançar além da especulação sobre os seus benefícios e riscos.

Apenas estudos rigorosos examinando o impacto da IA generativa no desempenho de funcionários executando trabalho real podem fornecer insights significativos para líderes empresariais planejando estratégias de adoção.

Este capítulo sintetiza as principais descobertas das pesquisas mais recentes investigando a influência da IA generativa na produtividade dos trabalhadores e resultados relacionados. Resumem-se os resultados de experimentos em domínios incluindo atendimento ao cliente, escrita profissional, programação e mais. Os dados empíricos revelam uma perspectiva equilibrada, com impactos na produtividade variando entre níveis de habilidade do utilizador e tipos de tarefa. Embora os efeitos positivos dominem, limitações e desafios de implementação também surgem.

São imperativas estratégias de integração responsável que equilibrem objetivos de produtividade com considerações éticas e de segurança. Quando implementada judiciosamente, a IA generativa pode aprimorar as capacidades da equipe e a satisfação no trabalho. Mas a adoção imprudente corre o risco de consequências não intencionais.

Ao examinar as evidências até o momento, os líderes empresariais podem elaborar planos prudentes para aproveitar as vantagens da IA generativa, acautelando-se contra possíveis armadilhas.

Quantificando o Impacto da IA Generativa na Produtividade

Entre os primeiros estudos em larga escala a quantificar o impacto da IA generativa no mundo real, Erik Brynjolfsson, Danielle Li e Lindsey Raymond examinaram seus efeitos em 5.000 operadores de atendimento ao cliente de uma empresa de tecnologia listada na Fortune 500. A empresa implementou assistentes virtuais que sugeriam respostas às perguntas dos clientes baseando-se em dados de interações anteriores. Os funcionários tinham a opção de utilizar ou descartar as sugestões da IA.

Com acesso à IA, os operadores resolveram 13,8% mais problemas de clientes por hora, em média, permitindo que lidassem com mais solicitações simultaneamente e resolvessem problemas mais rapidamente. A IA melhorou o multitarefa e o compartilhamento de conhecimento, permitindo que representantes menos experientes se saíssem no nível dos seus colegas mais experientes. Os noviços viram um dramático aumento de produtividade de 35%, enquanto a IA trouxe ganhos negligenciáveis para o top talent cuja experiência já incorporava o conhecimento que ela fornecia.

Além da eficiência, a IA também melhorou a satisfação do cliente, orientando respostas mais empáticas. No geral, a tecnologia parecia complementar os pontos fortes dos trabalhadores, em vez de substituir habilidades. Isso fornece evidências iniciais de que a IA generativa pode proporcionar ganhos de produtividade mensuráveis em cenários de atendimento ao cliente, especialmente para funcionários em desenvolvimento.

Mais evidências vêm de um estudo experimental do Instituto de Tecnologia de Massachusetts (MIT). Eles avaliaram o impacto da IA generativa na produtividade de 444 profissionais em ocupações que envolvem redação. Os participantes realizaram duas tarefas remuneradas de redação, cada uma com a duração de 30 minutos simulando projetos no local de trabalho, uma sem ajuda e outra onde metade selecionada aleatoriamente poderia usar o ChatGPT. Estudantes de pós-graduação avaliaram os textos produzidos sem saberem quem os escreveu.

Com o ChatGPT, a produtividade de redação dos participantes aumentou 59% em média. A IA reduziu drasticamente o tempo gasto na redação do texto inicial, permitindo maior foco na edição e refinamento. A qualidade do trabalho também aumentou significativamente, de acordo com as avaliações dos especialistas. Escritores menos habilidosos melhoraram mais do que aqueles com desempenho basal mais alto, pois a IA distribuiu conhecimento.

Embora limitado em escala, este experimento demonstra o potencial da IA generativa para melhorar a produtividade e a qualidade no trabalho do conhecimento que requer redação personalizada. A tecnologia amplificou os pontos fortes humanos, automatizando aspectos rotineiros da produção de conteúdo.

Em um estudo específico na área de engenharia de software, foi avaliada a ferramenta GitHub Copilot da Microsoft, que apoia a produtividade em programação sugerindo códigos a partir de um sistema de IA generativo. Este estudo, envolvendo 17 desenvolvedores, constatou que o Copilot elevou a velocidade de conclusão das tarefas em 62% em média, quando comparado à programação autônoma. Além disso, os participantes relataram um aumento subjetivo em sua produtividade ao usar a ferramenta. Assim como em outras áreas, os engenheiros com menor experiência obtiveram mais vantagens ao empregar a assistência da IA.

No geral, esses resultados fornecem evidências iniciais de que a IA generativa pode proporcionar substanciais melhorias de produtividade no desenvolvimento de software—uma capacidade cada vez mais crucial à medida que a tecnologia permeia as operações de negócios.

Sintetizando esses estudos, o acesso à IA generativa impulsionou a produtividade entre 14% e 59% em média para atividades de trabalho reais em atendimento ao cliente, redação e programação. A tecnologia parece especialmente benéfica para utilizadores menos proficientes, ajudando a distribuir o conhecimento institucional. Os profissionais com mais experiência ganham pouco porque a IA não pode superar as habilidades humanas refinadas ao longo de anos.

Enquanto promissor, existem limitações. Alguns utilizadores relataram que a IA gerativa não possuía a especialização específica necessária para auxiliar completamente em tarefas de nicho. A dependência excessiva das suas saídas também pode inibir a aprendizagem. No entanto, os dados empíricos apresentam um argumento convincente de que a IA gerativa pode potenciar a produtividade se for implementada judiciosamente.

Impactos Organizacionais Mais Amplos

Além das métricas de produtividade direta, os pesquisadores examinaram os impactos da IA generativa em outros aspectos do ambiente de trabalho, com as seguintes descobertas principais:

Satisfação dos colaboradores: No atendimento ao cliente, operadores com acesso à IA tiveram uma satisfação de trabalho melhorada, impulsionada por um maior sucesso no atendimento de consultas. No entanto, a satisfação pode diminuir se os funcionários sentirem que a IA gerativa está a comprometer-lhes as suas competências e autonomia.

Formação: Os operadores melhoraram mais rapidamente no início do seu tempo de serviço ao usar a IA gerativa, alcançando níveis de performance de especialista mais rapidamente. Isso indica que pode acelerar o desenvolvimento de habilidades, um benefício importante dado o constante turnover na força laboral.

Habilidades sociais: No atendimento ao cliente, a IA aumentou a satisfação do consumidor ao orientar respostas mais empáticas. Isto demonstra a promessa da IA gerativa em construir inteligência emocional e "habilidades interpessoais".

Perceção dos consumidores: Os consumidores deram pontuações idênticas a operadores com e sem a IA, sugerindo que o uso transparente da IA gerativa não prejudica as percepções dos clientes se a qualidade da resposta se mantiver elevada. No entanto, um mau uso poderia rapidamente corroer a confiança.

Desigualdade: Os trabalhadores com menos qualificações beneficiaram-se de forma desproporcional em múltiplos estudos. Se aplicada de forma equitativa, a IA gerativa poderia ajudar a abordar disparidades de rendimento e oportunidade que resultam de acesso desigual à formação.

Estas descobertas mostram os impactos multidimensionais da IA gerativa. Ao potenciar métricas de eficiência, também é necessário considerar os efeitos na cultura corporativa, sentimento dos funcionários, confiança do consumidor e acesso justo. Uma visão centrada estritamente na produtividade pode ignorar questões humanas importantes.

Desafios de Implementação

Apesar das suas vantagens, efetivamente alavancar a IA gerativa apresenta desafios que requerem mitigação:

- **Sobre-dependência:** Os utilizadores correm o risco de depender excessivamente das saídas da IA gerativa sem o pensamento crítico necessário para identificar erros. Isso mina os benefícios da colaboração humano-IA. O treino deve destacar as limitações da tecnologia.

- **Desqualificação:** As competências da força de trabalho podem atrofiar se a IA gerativa substituir em excesso as capacidades humanas em vez de as potenciar. No entanto, isso parece menos preocupante, já que os estudos empíricos encontraram melhorias na produtividade sem automação total.

- **Segurança:** Podem surgir vulnerabilidades de cibersegurança ao confiar na IA gerativa, incluindo hacking de modelos e uso indevido de dados sensíveis utilizados na formação. As empresas devem garantir que existem proteções robustas em vigor.

- **Viés:** Devido às imperfeições nos dados de formação, a IA gerativa corre o risco de perpetuar vieses prejudiciais. É necessário um monitoramento, teste e refinamento contínuos dos modelos para minimizar saídas injustas.

- **Conformidade:** A IA gerativa pode gerar conteúdo que viole leis ou regulamentos se os sistemas subjacentes não tiverem supervisão. Isso exige verificações humanas adaptadas aos riscos de cada caso de uso.

- **Aceitação:** Os funcionários podem resistir à adoção por medos infundados de perda de emprego, enfatizando a necessidade de gestão de mudanças organizacionais e programas de formação.

- **Foco na produtividade:** Um foco excessivo em métricas de eficiência pode fazer com que as empresas ignorem as implicações culturais e éticas da IA generativa em áreas como a satisfação dos funcionários e as relações com os consumidores.

Ao abordar proativamente estas áreas, as empresas podem maximizar os ganhos de produtividade enquanto protegem os interesses corporativos e das partes interessadas.

Realizando o Potencial da IA Generativa—Recomendações para Líderes Empresariais

A investigação sintetizada neste capítulo fornece algumas evidências de que a IA generativa pode melhorar a produtividade, satisfação e desenvolvimento de competências dos trabalhadores quando implementada de forma ponderada. No entanto, adotar estas ferramentas envolve mais do que simplesmente comprar e implementar o mais recente modelo brilhante. Para perceber todos os benefícios, os líderes empresariais devem considerar várias recomendações:

- **Comece com projetos-piloto focados:** Antes de tentar uma implementação em larga escala, experimente a IA generativa em alguns casos de uso específicos onde ela pode claramente potenciar a produtividade com base na análise de fluxo de trabalho. Selecione cenários limitados que reduzam os riscos durante os testes iniciais. Colete lições dos projetos-piloto antes de considerar maiores lançamentos para identificar estratégias de integração ideais e abordagens de gestão de mudança. Começar em pequena escala também permite construir capacidades internas e conforto com a tecnologia.

- **Avalie impactos de forma holística:** Olhe para além das métricas de produtividade sozinhas para entender completamente as implicações da IA gerativa. Avalie cuidadosamente os seus efeitos na satisfação no trabalho, desenvolvimento de competências, igualdade de acesso, confiança do consumidor, conformidade legal e regulamentar, cultura da empresa e outros resultados. Esta perspectiva holística garante que você equilibre os objetivos de produtividade com considerações éticas e humanas mais amplas.

- **Personalize os programas de formação:** O treino é essencial para que os funcionários possam maximizar as vantagens da IA gerativa enquanto evitam armadilhas como a sobre-dependência. Tenha cuidado ao adaptar programas à sua organização, fluxos de trabalho e casos de uso específicos, em vez de usar conteúdos genéricos que se aplicam a todos. O treino personalizada demonstra a proposta de valor para os seus trabalhadores enquanto constrói as suas competências com os seus sistemas IA específicos.

- **Planeie a transparência:** A transparência constrói confiança na IA. Mas não é suficiente apenas divulgar que a IA gerativa está a ser usada. Garanta que os comportamentos e saídas dos sistemas sejam transparentes, proporcionando explicabilidade para que qualquer problema possa ser diagnosticado e abordado. Defina processos para transparência desde o início como parte da sua estratégia de integração.

- **Habilite fluxos de trabalho híbridos:** Evite automatizar totalmente as tarefas com a IA gerativa, pois isso priva o pessoal de desenvolvimento de competências e supervisão. Em vez disso, integre a tecnologia de forma harmoniosa nas atividades e fluxos de trabalho para promover uma colaboração eficaz humano-IA. Desenhe interfaces que facilitem esta abordagem híbrida.

- **Monitorize continuamente os riscos:** Devido ao ritmo rápido de evolução da IA gerativa, monitorize continuamente os seus sistemas para potenciais vieses, vulnerabilidades de segurança, perda de integridade do modelo ao longo do tempo e outros riscos emergentes. Estabeleça processos rigorosos de supervisão para identificar problemas cedo antes de criarem exposição organizacional. Ser proativo é essencial.

- **Foque na empatia com os funcionários:** A IA gerativa representa uma grande mudança para os funcionários potencialmente impactados. Vá além de simplesmente mandatar a adoção—faça esforços extensivos para entender as perspectivas e preocupações dos trabalhadores. Demonstre os benefícios ao mesmo tempo que fornece programas de apoio para suavizar a transição. Lidere com empatia.

Os estudos revistos neste capítulo confirmam que a IA gerativa tem o potencial de reformular o trabalho de conhecimento. No entanto, a aplicação imprudente arrisca-se a separar as vantagens da IA gerativa dos seus inconvenientes. Ao elaborar estratégias de integração equilibradas, os líderes empresariais podem traçar um caminho para a produtividade potenciada pela IA gerativa, inovação e crescimento baseado numa sólida fundação ética e de segurança.

7

OS PERIGOS DA AUTOMAÇÃO

A automação suscita a imagem de capacidades excepcionais, ampliando o potencial humano. À medida que algoritmos avançam em atividades que requerem flexibilidade e discernimento, as potencialidades da automação expandem-se. Os líderes empresariais, reconhecendo este avanço, tendem a adotar tais tecnologias agressivamente em suas operações. Contudo, na corrida para capturar esses benefícios, existe o risco de negligenciarem os desafios substanciais de integrar a automação com a força de trabalho humana. Quando implementada precipitadamente, até mesmo os algoritmos mais sofisticados podem comprometer a performance do time, gerar conflitos e diluir o elemento humano essencial.

Neste capítulo, extraio lições das investigações para facilitar a adoção da automação. Embora a pesquisa não esteja focada especificamente em IA generativa, fornece pistas sobre riscos que os líderes empresariais devem gerir activamente.

Quando adotados conscientemente, os algoritmos mantêm o potencial de maximizar a produtividade sem comprometer as forças inerentes ao ser humano. Mas, na ausência de precauções deliberadas, mesmo a IA mais avançada arrisca prejudicar o trabalho em grupo, a supervisão, a motivação e mais. Ao abordar as oportunidades da automação de olhos bem abertos para os seus riscos, os líderes podem evitar os seus perigos.

Os Perigos Subtis da Cegueira Face à Automação

A automação traz a promessa de executar tarefas com uma velocidade e precisão superiores à humana. No entanto, as limitações tornam-se evidentes diante do inesperado. Pesquisas indicam que humanos, quando atuam como supervisores de algoritmos, mostram inconsistência. Encarregados de monitorar eventos raros de falha, o tédio e a passividade comprometem a eficácia da supervisão humana.

Esse fenómeno perigoso é chamado de cegueira da automação. Quando os sistemas raramente erram durante as operações normais, os humanos facilmente escorregam para uma observação sem sentido em vez de uma supervisão ativa. Quaisquer distrações ou atividades paralelas complexas só pioram a falta de atenção—o foco dividido gera complacência na automação. E se as pessoas presumirem que os sistemas são altamente capazes, a cegueira se agrava ainda mais. A confiança excessiva deixa as pessoas ainda menos propensas a perceber problemas. Enfrentando situações ambíguas, os humanos cedem reflexivamente à máquina, em vez de se esforçarem para pensar de forma independente.

Experimentos décadas antigos dramatizam a elástica tole-
rância das pessoas aos absurdos erros de automação. Em
um estudo[25], os participantes não reagiram quando uma IA
narrando uma história infantil cometeu erros de contagem
completamente errados quase 30% das vezes. Mesmo para
uma automação obviamente defeituosa, a suspensão da
descrença se mostrou duradoura. O desejo de economizar
atenção leva as pessoas a conceder aos algoritmos o benefício da dúvida.

À primeira vista, tal confiança cega parece ser um artefacto
resultante de estudos em laboratório. Mas investigações[26]
sobre desastres como a queda do Voo 447 da Air France em
2009 contam histórias semelhantes. O piloto automático
lidou tranquilamente com o cruzeiro normal até que
tempestades atingiram. Então, pilotos perplexos, lutando
para retomar o controle, falharam completamente em monitorar medidores básicos enquanto a aeronave mergulhava
no Atlântico. A cegueira catastrófica não é mera curiosidade
académica.

A causa principal reside menos nas capacidades técnicas e
mais na natureza volátil da atenção humana. A colaboração
ideal requer manter os humanos no circuito—envolvidos
com ceticismo, não passivamente durante a viagem. A
pesquisa aponta para intervenções que promovem o envolvimento em vez da fé cega:

1. Interagir com o raciocínio interno por trás das decisões da
IA torna as falhas mais aparentes do que apenas mostrar as
saídas.

2. Visualizar os níveis de confiança dos algoritmos cultiva
um ceticismo saudável. Sinais de incerteza provocam maior
vigilância.

3. Solicitar regularmente que os humanos reconheçam as ações de automação mantém-nos alerta por meio de confirmação ativa.

4. Eliminar tarefas concorrentes preserva o foco humano para os deveres de supervisão.

5. O treino deve enfatizar a verificação proactiva da automação em vez de confiança passiva nela.

A chave é manter a agência humana, não abdicar decisões reflexivamente para algoritmos.

Os Custos Ocultos da Automação Excessivamente Competente

Muitos presumem que integrar automação mais avançada se traduzirá diretamente em ganhos de produtividade. Mas investigações revelam que algoritmos de menor desempenho muitas vezes exigem mais esforço e empenho por parte dos humanos. Quando a automação comete erros óbvios, as pessoas permanecem atentas para compensar. No entanto, o desempenho impecável induz confiança cega, causando um desengajamento dispendioso. Trabalhadores excessivamente dependentes de automação precisa dormitam nas suas responsabilidades, em vez de aplicar seu próprio julgamento.

Em uma pesquisa recente[27], solicitou-se a profissionais de RH com experiência que avaliassem candidatos a emprego. Alguns trabalharam com sistemas de IA de alta precisão (85%), outros com sistemas de menor precisão (75%), e houve também um grupo de controle sem assistência de IA. De forma surpreendente, os que utilizaram a IA mais precisa tiveram um desempenho inferior na identificação de candidatos qualificados. A IA com 75% de precisão aumentou as taxas de reconvocação em 3,4% em comparação com as equipes que operavam sem assistência. Em contraste, a automação com 85% de precisão reduziu as seleções adequadas em 1,2%, ficando aquém até mesmo dos avaliadores que trabalharam independentemente.

Os dados revelaram o motivo. Recrutadores que usavam IA mais precisa gastavam menos tempo revisando currículos e colectavam menos informações antes de decidir. Em vez de examinar os candidatos, eles seguiam o algoritmo de alto desempenho reflexivamente. Mas, combinada com a diligência humana marginal, mesmo a automação imperfeita impulsionou os resultados gerais. Por outro lado, algoritmos quase perfeitos induziram passividade, já que as pessoas descontavam seu próprio discernimento.

Este efeito foi mais pronunciado entre recrutadores experientes. Avaliadores veteranos se saíram pior com IA altamente precisa em comparação com noviços. Mas a sua experiência se mostrou valiosa para melhorar as sugestões do algoritmo menos preciso quando lhes foi dada margem para exercitar o julgamento humano. Profissionais altamente qualificados padronizam o piloto automático quando a automação parece à prova de falhas. Mas permitir que espreitem por baixo do capô da IA revela o seu discernimento.

Essas lições se aplicam amplamente:

1. Não presuma que IA mais precisa é necessariamente melhor. Ele arrisca reduzir a atenção humana.

2. Considere usar automação menos precisa em alguns casos. Algoritmos imperfeitos mantêm as pessoas engajadas.

3. Personalize a automação de acordo com os níveis de habilidade do utilizador. Iniciantes podem se beneficiar mais de IA altamente precisa.

4. Incentive o discernimento humano sobre a lealdade cega à IA. Recompense aqueles que equilibram ambos com sensatez.

5. Acompanhe a dedicação humana para detetar decréscimos, que podem indicar uma confiança excessiva na automação.

A chave é assegurar que os algoritmos potenciem, e não substituam, as capacidades humanas. Mesmo a automação de alto desempenho se beneficia da supervisão como corretivo contra vieses e erros. Com o equilíbrio certo, a IA pode melhorar a produtividade sem diminuir o discernimento duramente conquistado pelo ser humano. Mas maximizar acriticamente o desempenho da automação arrisca complacência e o atrofiamento do julgamento—nossa última linha de defesa.

Quando a Automação Perturba o Trabalho em Equipe

Muitas tecnologias que aumentam a produtividade individual se mostram contraproducentes para o trabalho colaborativo em grupo. Tome a automação. Pesquisas mostram que injectar algoritmos em atividades cooperativas muitas vezes prejudica o desempenho, apesar de melhorar as saídas individuais. Mesmo que a automação execute tarefas designadas impecavelmente, ainda assim desestabiliza o tecido coletivo, permitindo uma coordenação tranquila.

Em um estudo[28], humanos cooperaram num jogo que exigia a coleta de recursos trabalhando em grupos de quatro divididos em pares. Em meio aos jogos, alguns pares tiveram um jogador trocado por um bot de IA. Embora esses bots colectassem individualmente mais recursos do que humanos, a sua presença degradou os retornos em nível de grupo. Em alguns casos, equipes exclusivamente humanas coletaram 15% mais recursos do que equipes conjuntas humano-bot.

Isso expõe o lado sombrio da automação. A IA optimizou implacavelmente tarefas discretas com base em algoritmos estreitos, sem levar em conta as necessidades mais amplas de coordenação. Mas os humanos se adaptaram espontaneamente às manias uns dos outros por meio de sinais subtis, compensando as falhas de comunicação. Introduzir bots interrompeu esses graciosos ritmos de coordenação entre as pessoas.

Além dos dados brutos de produtividade, a automação também afetou as dinâmicas psicológicas. As pessoas relataram motivação e engajamento diminuídos após serem emparelhadas com bots em vez de parceiros humanos. As máquinas impessoais corroeram recompensas intrínsecas da cooperação com outros humanos. Com a automação, a qualidade da experiência sofreu, mesmo que as saídas numéricas melhorassem temporariamente.

Esses efeitos persistiram em todos os níveis de habilidade. Até os melhores desempenhadores tiveram dificuldade em se misturar com colegas de equipe algorítmicos modelados em estratégias idealizadas, em vez da adaptabilidade natural humana. Apenas raras exceções conseguiam colaborar de forma fluida perante tais perturbações. Isso destaca o imenso potencial da automação para tensionar o trabalho em equipe, mesmo que a competência em atividades designadas aumente.

Reintegrar a automação em fluxos de trabalho em grupo acaba exigindo uma reestruturação holística da interação em equipe, capacitação e engenharia social. Líderes que esperam minimizar atritos devem:

1. Evite superestimar a capacidade da automação de aprimorar tranquilamente a colaboração em equipe. Algoritmos podem degradar mecanismos críticos de coordenação.

2. Monitore atentamente os grupos para detectar sinais iniciais de queda na motivação, confiança ou desempenho após a integração da automação.

3. Incorpore amortecedores, dando às equipes tempo para adaptar processos estabelecidos para levar em conta colaboradores algorítmicos.

4. Personalize o treino para ajudar os indivíduos a interagir com a automação de forma mais eficaz, com base nos seus papéis e capacidades.

5. Desenvolva sistemas de automação que fomentem, e não limitem, a coordenação humana fluida.

6. Olhe além das métricas de produtividade estreitas para mensurar o impacto da automação nas dimensões qualitativas da equipe.

Com implementação ponderada, as organizações ainda podem realizar equipes híbridas que excedem a soma das suas partes humanas e algorítmicas. Mas substituir grosseiramente a automação pelas pessoas geralmente prejudica os laços que tornam os grupos maiores do que os indivíduos.

Renovar esses laços numa nova era tecnológica permanece o desafio central da automação.

Os Riscos Ocultos do Acomodamento Social em Equipas

A maioria assume que a colaboração melhora os resultados atraindo diversos pontos fortes. Mas as configurações de equipe também podem permitir o acomodamento social— as pessoas exercendo menos esforço enquanto confiam que os outros compensem a folga. Isso representa para as organizações que confiam no monitoramento da redundância da automação um dilema. A presença de operadores redundantes deveria ampliar a confiabilidade através da supervisão mútua. No entanto, a dispersão de responsabilidades muitas vezes propicia a complacência, comprometendo a diligência necessária.

Pesquisas[33] sobre monitoramento redundante de automação expuseram esse risco. Em dois estudos distintos, pesquisadores avaliaram o desempenho de equipes de duas pessoas em contraste com o de operadores atuando individualmente no monitoramento de sistemas simulados. Em ambos os casos, membros de equipe redundantes realizaram menos verificações cruzadas e detectaram menos erros em comparação com operadores solo. Trabalhar coletivamente deu às pessoas licença para descansar, confiando em seu suposto parceiro para detectar falhas.

Em grupos, os indivíduos frequentemente sentem que a sua contribuição tem menos impacto nos resultados gerais. Então, eles relaxam a sua diligência, assumindo que seu parceiro cuidou das coisas. Mas se ambos os parceiros descansam em certo grau, o desempenho coletivo sofre em vez de melhorar por meio da supervisão conjunta. Em alguns casos, até dois colaboradores relaxando não conseguiram igualar um operador solo focado.

O monitoramento redundante se mostrou contraproducente, com a vigilância combinada da equipe às vezes pior do que um único operador atento. Entretanto, medidas simples, tais como fornecer retorno sobre o desempenho individual, melhoraram a confiabilidade do sistema redundante. Quando as contribuições permaneceram identificáveis apesar da colaboração, o acomodamento social diminuiu. As pessoas que receberam crédito pela sua própria diligência tinham menos incentivo para caronas gratuitas de outros.

Estes achados têm implicações para líderes em qualquer domínio que dependa da redundância:

1. Não assuma que a redundância garante confiabilidade. Responsabilidades difusas podem reduzir a diligência.

2. Considere aliviar os encargos individuais em vez de backup ineficaz. Às vezes, melhorar o desempenho solo torna desnecessárias as necessidades de redundância.

3. Certifique-se de que as contribuições individuais permaneçam identificáveis mesmo dentro das equipes. Clarifique a autonomia e a responsabilidade dentro da equipe.

Equipas bem projetadas com incentivos direcionados ainda podem multiplicar a diligência individual por meio da colaboração.

Estratégias para Adoção Bem-sucedida da Automação

Maximizar o potencial da automação, ao mesmo tempo que se atenuam seus contratempos, requer uma implementação equilibrada. Por meio de planejamento, redesenho e desenvolvimento de habilidades deliberados, as organizações ainda podem se beneficiar da ampliação algorítmica. Mas simplesmente injetar automação arrisca degradar o trabalho em equipe, a supervisão e o julgamento humano—que devem permanecer como a última linha de defesa de cada organização. Evitar esses percalços exige abordar a integração de forma consciente, proactiva e holística.

As estratégias abaixo visam suavizar a adoção da automação, evitando consequências não intencionais.

Proteger contra pontos cegos:

Estimule um maior envolvimento, questionamento e atenção por parte dos humanos ao interagirem com sistemas de IA. Estabeleça protocolos de supervisão, minimizando a dependência passiva e a deferência cega a algoritmos. Desenhe interfaces que destaquem incertezas, incentivando a atenção e vigilância por parte do utilizador.

Personalizar rigorosamente:

Personalize cuidadosamente as capacidades e a transparência da automação para diferenças no nível de experiência do utilizador, funções e tarefas específicas. Procure níveis de desafio ideais, não autonomia máxima. Utilizadores iniciantes podem se beneficiar mais da automação altamente precisa, enquanto especialistas precisam de transparência para aplicar seu julgamento.

Projetar para coordenação:

Escolha desenhos e algoritmos de sistema que apoiem o trabalho em equipe fluido em vez da otimização individual rígida. Certifique-se de que a automação aprimore, não perturbe, os ritmos colaborativos. Reconheça que o desempenho coletivo excede a soma das saídas individuais.

Motivar o discernimento:

Forneça incentivos ou reconhecimento por equilibrar judiciosamente a automação com o julgamento e a supervisão humanos. Evite dependência excessiva apenas de algoritmos ou desconsideração das suas capacidades. Recompense aqueles que sintetizam ambos com sensatez.

Monitorar impactos de perto:

Rastreie indicadores precoces de quebras de coordenação, desmotivação, desengajamento, desqualificação e outros problemas resultantes de dificuldades de integração. Avalie continuamente os efeitos em fatores sociais qualitativos, não apenas métricas de produtividade.

Desenvolver capacidades socioemocionais:

Invista no desenvolvimento de relacionamentos, comunicação, inteligência emocional e outras habilidades intrinsicamente humanas para manter pontos fortes únicos ao lado da automação. Não foque estreitamente apenas na perícia técnica.

8

A CADEIA DE VALORIZAÇÃO DA IA GENERATIVA

A IA generativa tem potencial para ampliar habilidades humanas em áreas como criatividade, acesso à informação e produtividade. Especialistas veem mudanças que podem ser tão impactantes quanto as da eletricidade, computadores e internet. Porém, para atingir esse potencial, é preciso lidar com complexidades que se entrelaçam entre aspectos tecnológicos e sociais. Este capítulo abordará os principais elementos, stakeholders, tendências e estratégias da cadeia de valor da IA generativa.

Componentes Chave da Cadeia de Valor

Os exemplos neste livro ilustram diferentes partes da cadeia de valor. Embora não sejam endossos de estratégias empresariais, servem para expandir a visão dos líderes sobre como os participantes estabelecidos estão se adaptando e novos entrantes estão surgindo neste crescente campo de interesse.

. . .

A. Provedores de Dados

Os dados de treino constituem a matéria-prima subjacente que sustenta as capacidades da IA generativa. A escalabilidade exige a agregação de corpora abrangendo milhares de milhões de exemplos. Proeminentes fornecedores de dados incluem empresas como a Appen, um líder global no fornecimento de conjuntos de dados para aplicações de aprendizagem automática em modalidades como texto, voz e imagens. A Appen mantém uma base de mais de 1 milhão de prestadores de serviços em regime de outsourcing em todo o mundo, fornecendo serviços de anotação de dados.

O crescimento explosivo na procura de dados de treino a partir de modelos generativos de ponta levanta várias preocupações éticas cruciais que exigem mitigação proativa:

- **Viés de representação:** A maioria dos conjuntos de dados disponíveis apresenta representação desequilibrada entre grupos demográficos que propagam vieses na ausência de medidas cuidadosas de remediação. Auditorias abrangentes à diversidade e técnicas de balanceamento são essenciais mas desafiadoras de implementar à escala.

- **Privacidade e consentimento:** É imperativo analisar rigorosamente as fontes de dados para garantir consentimento informado e direitos adequados, particularmente para qualquer informação pessoal. Muitos conjuntos de dados públicos provavelmente violam expectativas razoáveis.

- **Utilização abusiva:** Modelos generativos amplificam qualquer toxicidade ou desinformação presente nos dados de treino. Atores maliciosos também poderiam deliberadamente envenenar conjuntos de dados numa tentativa de manipular saídas. Monitoramento contínuo é prudente.

- **Ambiental:** As exigências computacionais de processar conjuntos de dados maciços acarretam pegadas de carbono não triviais muitas vezes negligenciadas. Otimizar a reutilização de dados proporciona mitigação parcial.

À medida que os algoritmos escalam em capacidade, a supervisão diligente dos dados de treino associados torna-se igualmente imperativa para sustentar um desenvolvimento ético. Estabelecer conjuntos de dados sólidos exige investimentos significativos, em paralelo com os desafios técnicos do desenvolvimento do modelo.

B. Hardware Informático

Processadores paralelos especializados, tais como GPUs e TPUs, são fundamentais para fornecer a computação distribuída necessária para o desenvolvimento e execução de modelos avançados de redes neurais.

A NVIDIA é líder no mercado de GPUs otimizadas para tarefas de aprendizado profundo. O seu modelo A100, por exemplo, consegue realizar até 20 quatrilhões de operações por segundo, suportando assim aplicações de IA de última geração. Provedores de serviços em nuvem disponibilizam acesso remoto a clusters de centenas de GPUs e TPUs de última geração para organizações que não possuem recursos internos suficientes. Estão também em ascensão aceleradores de IA especializados para implementação em edge e endpoints.

No próximo capítulo, detalharemos as exigências de capacidade computacional da IA generativa e o seu ecossistema de forma mais aprofundada.

C. Plataformas em Cloud

Os principais fornecedores em cloud oferecem serviços personalizados que impulsionam etapas fundamentais na cadeia de valorização da IA generativa:

- Google Cloud Platform: Fornece TPUs optimizados para TensorFlow, treino e servidão de modelos escaláveis, blocos de construção de IA pré-construídos e outras ferramentas focadas em machine learning (ML). Aproveita os pontos fortes da Google em modelos proprietários, investigação e talento.

- AWS: Lidera no fornecimento de GPUs para treinar modelos complexos. O SageMaker permite construção de modelos sem código, ajuste de hiperparâmetros e implementação. Estes estão integrados apertadamente com outras ofertas da AWS.

- Microsoft Azure: Capacidades de machine learning de ponta entrelaçadas profundamente com o substancial ecossistema de software da Microsoft. O serviço Azure OpenAI fornece acesso à API do GPT-3.

- NVIDIA NGC: Plataforma em cloud especializada em IA com as GPUs mais recentes da NVIDIA e arquiteturas de referência para acelerar pipelines de workflow.

- Databricks: Especializada em engenharia de dados, aceleração de treino de modelos, MLOps e outras etapas na cadeia de valorização da IA generativa. Usa fundamentos de código aberto aumentadas com valor agregado proprietário.

Estratégias multi-cloud proporcionam flexibilidade e mitigam riscos de excessiva dependência de qualquer único fornecedor. No entanto, os custos de mudança permanecem elevados uma vez investido. Manter alguma infraestrutura on-premise justifica consideração em conjunto com serviços em cloud. Um design atento maximiza forças ao mesmo tempo que minimiza armadilhas.

D. Modelos Base

Firmas e laboratórios especializados, como a OpenAI, desenvolvem e disponibilizam modelos pré-treinados que constituem as fundações algorítmicas sobre as quais aplicações downstream são construídas. Vamos explorar alguns outros:

- Anthropic: Pioneira em técnicas como IA Constitucional para alinhar modelos com valores humanos. O seu modelo Claude visa capacidades amplas com segurança robusta.

- Cohere: Focada no desenvolvimento de modelos NLP rápidos, leves e acessíveis para aplicações empresariais.

A avaliação cuidadosa da linhagem do modelo, capacidades, limitações e alinhamento ético é imperativa antes da integração. Afinação de fundamentos para necessidades específicas através de transfer learning costuma provar-se mais eficaz do que treinar modelos personalizados do zero. Iremos explorar isto mais adiante no livro.

E. Hubs de Modelos e MLOps

Hubs de modelos e plataformas de machine learning operations (MLOps) facilitam o aproveitamento eficiente de modelos base. O Hugging Face Hub, por exemplo, permite descobrir, avaliar e integrar mais de 30.000 modelos enviados pela comunidade para a afinação. Lida com versionamento e partilha de modelos.

Plataformas MLOps amplamente adotadas racionalizam o desenvolvimento ao mesmo tempo que mantêm supervisão ao longo do ciclo de vida de machine learning. No entanto, dependência exclusiva de sistemas proprietários externos apresenta riscos de dependência tecnológica que inibem flexibilidade. Manter competências de integração internas proporciona independência ao passo que parcerias são aproveitadas judiciosamente.

F. Aplicações

A IA generativa permite uma proliferação de aplicações demostrando versatilidade notável:

- Chatbots: Fornecem atendimento ao cliente, vendas e suporte conversacional através de interações em linguagem natural. Principais fornecedores incluem Anthropic, Cohere e Dialogflow da Google.

- Criação de Conteúdo: Geram cópia de marketing, relatórios, código e outros materiais personalizados sob demanda. Empresas como Jasper e Novel AI oferecem auxiliares de escrita especializados.

- Automação de Processos: Produzem resumos de dados, análises, insights e informação estruturada adaptados a workflows empresariais.

- Tradução Automática: Converte entre idiomas preservando nuances.

G. Prestação de Serviços

Serviços profissionais suportam a personalização, aplicação e escalabilidade de capacidades de IA generativa:

- **Serviços de Dados:** Adquirir, preparar, rotular, aumentar e verificar dados de treino.

- **Serviços de Modelos:** Ajustam, treinam, otimizam e realizam auditorias em modelos conforme as necessidades específicas e as considerações éticas do ambiente empresarial.

- **Engenharia de Prompts:** Refinar modelos para aplicações e domínios especializados através de estratégias de prompting.

- **Serviços de MLOps:** Colocar modelos em produção em escala, incluindo implementação robusta, monitoramento, manutenção e atualizações.

- **Consultoria Estratégica:** Orientar planeamento de adoção e direção para IA generativa em operações.

Equilibrar desenvolvimento interno de competências com parcerias externas estratégicas prova ser prudente para a maioria das organizações. No entanto, muitas ainda subinvestem no desenvolvimento das competências internas necessárias, apresentando riscos.

Tendências Emergentes Remoldando o Ecossistema de IA

O panorama de IA generativa continua evoluindo rapidamente em todos os componentes da cadeia de valorização. Vários desenvolvimentos cruciais estão a perturbar padrões históricos:

1. Modelos Dimensionados Adequadamente:

Modelos enormes com muitos parâmetros muitas vezes não são necessários para várias aplicações de negócios. Técnicas recentes possibilitam modelos eficientes com 10 a 100 vezes menos parâmetros, cortando significativamente os custos e o uso de recursos. Essas técnicas serão detalhadas nos próximos capítulos.

2. Dados Especializados:

Dados específicos e bem organizados para setores da indústria e empresas individuais são mais eficazes do que depender apenas de grandes conjuntos de dados coletados da web sem consentimento.

3. Mentalidades de Escala Responsável:

A busca desenfreada por crescimento, sem considerar a ética, pode intensificar os riscos associados a modelos generativos. É crucial manter a supervisão humana, ter equipas e dados representativos, e promover testes e incentivos alinhados para um desenvolvimento consciente. A colaboração conjunta é essencial para manter padrões elevados perante crescimentos rápidos.

4. Acesso Democratizado:

Modelos proprietários restritos limitam a inovação. Ecossistemas de desenvolvimento aberto, como o da comunidade Hugging Face, buscam promover a inovação através de uma colaboração e transparência intensas. Modelos sustentados pelos próprios utilizadores visam diminuir a dependência de monitorização e anúncios direcionados.

5. Capacidades de Ponta:

Executar inferência diretamente em dispositivos como smartphones, sensores de Internet das Coisas (IoT) e redes de ponta oferece vários benefícios comparativamente a depender da cloud. Mantém dados e computações localizados no dispositivo, evitando enviar dados sensíveis de utilizadores para a cloud, o que poderia expô-los a hacking ou vigilância. Isto aumenta a privacidade.

Inferência no dispositivo evita atrasos de ida e volta comunicando com servidores em cloud que podem introduzir lag, especialmente para aplicações em tempo real como realidade aumentada. Processamento localmente reduz latência.

Adicionalmente, dispositivos ainda podem executar inferência mesmo com conectividade à internet deficiente ou se serviços em cloud falharem. Isto torna aplicações mais robustas e confiáveis. Nenhum uso de cloud para computações de inferência também reduz custos operacionais, especialmente em escala. Chips eficientes energeticamente para inferência no dispositivo reduzem ainda mais custos.

Para permitir inferência no dispositivo, frameworks de software optimizados como Tensorflow Lite Micro e PyTorch Mobile permitem compactar e implementar modelos de rede neural em dispositivos com recursos restritos. Fornecem optimizações como quantização, poda e kernels eficientes especializados para implementação móvel/embarcada.

Algumas startups focam especificamente em técnicas de compactação de modelos para tornar modelos state-of-the-art de grande escala viáveis em dispositivos de ponta. As suas soluções prometem alta precisão ao mesmo tempo que satisfazem restrições de recursos apertadas.

Implicações Chave para Líderes Empresariais

Navegar estrategicamente a cadeia de valorização da IA generativa constitui um desafio imperativo e complexo perante mudança tecnológica exponencial. Recomendações para aproveitar possibilidades ao mesmo tempo que abordar riscos responsavelmente incluem:

1. Auditar dados e modelos rigorosamente

Analise profundamente a estrutura dos dados usados e verifique possíveis tendências ou vieses. Avalie os modelos de forma detalhada, especialmente quanto a questões de segurança, como conteúdo tóxico, usando grupos diversificados. Mantenha canais abertos para receber feedback e expressar preocupações. A ausência de clareza nos modelos e dados pode gerar decisões erradas ou parciais, causando danos inesperados. Estabeleça e implemente práticas responsáveis no uso de dados.

2. Manter flexibilidade na infraestrutura

Evite depender demais de um único fornecedor. Ao escolher plataformas em cloud, esteja atento ao risco de ficar preso a um fornecedor específico. Mantenha flexibilidade para mudar de fornecedor conforme as condições do mercado alterem. Explore as capacidades locais e avançadas com equilíbrio e discernimento.

3. Equilibrar desenvolvimento de competências internas com parcerias

Desenvolva internamente habilidades essenciais em áreas como gestão de dados, criação de prompts e MLOps, enquanto estrategicamente aproveita a expertise de fornecedores externos. Evite sistemas rígidos que limitam a adaptabilidade. Concentre investimentos em competências que ofereçam uma vantagem duradoura.

4. Avaliar requisitos de integração rigorosamente

Para obter o máximo valor, é essencial integrar-se eficientemente à empresa. Identifique falhas em infraestrutura, interfaces de comando, fluxos de trabalho, necessidades de monitorização e processos de manutenção em vigor. Uma integração bem planejada otimiza benefícios e reduz interrupções. Organize melhorias contínuas com base no feedback constante dos usuários.

9

O ESPANTOSO PODER COMPUTACIONAL POR TRÁS DA IA GENERATIVA

A inteligência artificial generativa conquistou o interesse global com aplicações como assistentes virtuais e criação de imagens. No entanto, o que permanece oculto é o impressionante volume de capacidade computacional requerido para operacionalizar esses sistemas. Para líderes empresariais sem formação técnica, é complexo apreender integralmente a magnitude da computação envolvida. Este capítulo tem como objetivo desmistificar esses aspectos de forma clara, explorando:

1. O hardware especializado que impulsiona as redes neurais.
2. A procura e custos em escalada meteórica da computação de IA.
3. Estratégias que pequenas empresas estão adotando para concorrer com as grandes corporações tecnológicas.
4. O que o futuro pode reservar à medida que algoritmos, dados e hardware evoluem.

Compreender estas forças é fundamental para líderes empresariais que tomam decisões no espaço de IA generativa. Embora os requisitos computacionais pareçam intimidantes, a democratização pode vir através de melhores algoritmos, dados estratégicos, estratégias inovadoras de treino de modelos e hardware emergente.

GPUs: O Motor Especializado Por Trás das Redes Neurais

Vamos começar por compreender que hardware torna a IA generativa possível desde o início. Enquanto primeiras redes neurais funcionavam em processadores normais (CPUs), os sistemas de hoje são alimentados por unidades de processamento gráfico (GPUs). Originalmente concebidas para renderização de gráficos de videojogos, as GPUs excel em processamento paralelo—fazer muitos cálculos simultaneamente.

Esta capacidade é crucial porque as redes neurais dependem de processar enormes matrizes de números em paralelo. Um componente fundamental das redes neurais é a operação de multiplicação de matrizes. As GPUs podem multiplicar duas matrizes numa única operação, atribuindo cada multiplicação elemento a elemento a um núcleo de processamento separado. Com milhares de núcleos, lidam com matrizes de forma eficiente.

Em contraste, as CPUs foram concebidas para executar programas linha a linha. Embora as CPUs modernas incluam múltiplos núcleos para permitir alguma paralelização, as GPUs levam o processamento paralelo ao extremo. As GPUs de topo de hoje, como a Nvidia A100, contêm mais de 54 mil milhões de transístores, permitindo até 312 multi-plicações por ciclo.

Para apreciar por que a aceleração por GPU é tão importante, examinemos o GPT-3. Requer uma ordem de mais de 300 mil milhões de operações de ponto flutuante apenas para uma única inferência, como quando responde a um prompt! Sem aceleração por GPU, usando apenas CPUs, demoraria meses em vez de milissegundos para processar uma entrada e gerar uma saída. A paralelização maciça das GPUs liberta a velocidade computacional necessária.

O mesmo é verdade para treinar estes modelos, o que requer ainda mais matemática intensiva à medida que o sistema aprende com dados. Estima-se que o treino do GPT-3 tenha exigido um total de mais de 10^23 operações de ponto flutuante—isso é um número com 23 zeros depois! Somente as GPUs altamente paralelas e agrupadas são capazes de manejar esta escala de computação em um intervalo de tempo considerado razoável. Isto resulta numa pegada de carbono estimada de mais de 626.000 libras—quase 5 vezes as emissões da vida útil média do carro americano médio.

Também, investigação sugere que treinar o GPT-3 nos data centers da Microsoft nos EUA:

---

pode consumir diretamente 700.000 litros de água potável limpa, o suficiente para produzir 370 carros BMW ou 320 veículos elétricos Tesla, e estes números teriam triplicado se o GPT-3 tivesse sido treinado nos data centers asiáticos da Microsoft.

-Pengfei Li, Jianyi Yang, entre outros.

Os esforços pioneiros da Nvidia cimentaram a sua posição como líder na fabricação de GPUs para aplicações de IA. Entretanto, a competição está longe de concluir. Empresas como Intel e AMD, juntamente com gigantes em cloud como Amazon e Google, estão a lançar os seus chips personalizados, como Unidades de Processamento de Tensor (TPUs) para capturar uma fatia do bolo de hardware de IA.

Contudo, as GPUs projetadas para jogos e gráficos continuam sendo o pilar central da maioria dos sistemas de IA atuais. A sua adaptabilidade à matemática matricial e capacidade de embalar milhares de núcleos paralelos tornou-as o cavalo de trabalho que impulsiona a revolução da IA. Portanto, embora as GPUs tenham sido originalmente construídas apenas para renderizar ambientes de videojogos, a sua arquitetura única acabou por ser perfeitamente adequada para alimentar redes neurais.

Procura de Computação em Escala

No entanto, a disponibilidade destas GPUs otimizadas para IA não está conseguindo atender à demanda. Na verdade, segundo algumas estimativas, a procura por hardware de IA excede a oferta em 10x. O boom de IA apanhou grande parte da indústria tecnológica desprevenida com a sua explosão súbita em popularidade. As fábricas de chips, conhecidas como "fabs", demoram anos e milhares de milhões de dólares a construir.

> Você não pode simplesmente carregar num botão e
> construir 10X mais.
>
> -Robert Ober, Nvidia

A procura de IA cresceu muito mais rapidamente do que
novas capacidades de fabrico puderam ser trazidas online.
Fábricas de semicondutores estabelecidas estão operando
no limite para atender os pedidos dos gigantes da tecnologia
como Google, Amazon, Meta e Microsoft, que estão se esfor-
çando para integrar IA em suas operações internas e
produtos de consumo. Isto está a criar uma escassez para
startups e jogadores menores que procuram acesso a GPUs
ou outro hardware de IA.

O problema central é que executar IA generativa state-of-
the-art requer quantidades imensas de poder de processamento paralelo. À medida que os modelos de IA crescem
cada vez maiores e mais ambiciosos, a sua fome por
recursos computacionais escala exponencialmente.

Por exemplo, como discutido anteriormente, o GPT-3 tem
aproximadamente 175 mil milhões de parâmetros, enquanto
se rumoreia que o sucessor GPT-4 tenha mais de 1 trilião de
parâmetros—um aumento de mais de 5x. Isto levou a uma
dinâmica de corrida ao ouro onde o acesso escasso a GPUs
vai para o licitante mais alto.

As empresas estão sendo forçadas a fazer compromissos
plurianuais com fornecedores em cloud apenas para obter
acesso básico a um punhado de GPUs ou TPUs. Em alguns
casos, gigantes tecnológicos farão investimentos diretos em

startups promissoras para lhes garantir acesso privilegiado a chips saindo das linhas de fabrico.

Para qualquer empresa que procura IA generativa, o custo do computador pode rapidamente tornar-se na despesa individual mais elevada. Algumas startups estão a gastar 80% do capital angariado para garantir acesso ao computador. Em essência, precisam escolher entre usar esse dinheiro para contratar mais membros da equipa ou implementar modelos maiores. Este tradeoff está a abrandar a inovação em IA e a colocar as startups em desvantagem em relação às grandes empresas de tecnologia.

Analisando o Custo de Treinar um Modelo como o GPT-3

Vamos examinar os custos específicos envolvidos no desenvolvimento de modelos de IA generativa, começando com o treino do modelo. Este é o processo caro e computacionalmente intensivo de realmente criar o algoritmo de IA com base na análise de enormes conjuntos de dados.

Como discutido anteriormente, os modelos de linguagem natural state-of-the-art como o GPT-3 são conhecidos como modelos Transformer. Compreendem múltiplas camadas com milhares de milhões de parâmetros ajustáveis que devem ser cuidadosamente afinados durante o processo de treino. O custo de treinar um destes modelos pode chegar a milhões de dólares, com algumas estimativas acima de $10 milhões para o GPT-3.

Para compreender porquê, precisamos apreender a escala bruta de computação necessária. Vamos tomar o GPT-3 como exemplo concreto. Utiliza 175 mil milhões de parâmetros que devem ser afinados durante o treino em mais de um trilião de tokens de dados de texto.

Lembre-se de que um token é um pedaço de dados como uma palavra ou byte. Portanto, um trilião de tokens equivale a terabytes de dados textuais de fontes como livros, Wikipedia, sites e mais. Cada um dos 175 mil milhões de parâmetros requer múltiplas operações de ponto flutuante para o ajustar e sintonizar corretamente com base nestes dados de treino.

Quando você multiplica 175 mil milhões pelo múltiplo de operações de ponto flutuante por parâmetro e depois por um trilião de tokens, resulta num requisito computacional total da ordem de 10^23 operações. Esta é uma escala quase incompreensível de computação.

Para colocar em perspectiva, se cada pessoa na Terra fizesse mil milhões de operações por segundo, demoraria mais de 6 meses para a população global concluir o que o GPT-3 exigiu. Isto ajuda a consolidar por que hardware especializado como GPUs com capacidades maciçamente paralelas é uma necessidade absoluta.

E lembre-se que o modelo deve ser treinado repetidamente à medida que novos dados se tornam disponíveis. Não existe tal coisa como um custo de treino único para um sistema de IA se quiser mantê-lo relevante e capaz. Cada atualização requer passar pelo processo iterativo de otimização em todos os parâmetros nos conjuntos de dados mais recentes.

Além disso, há todos os sprints falhados que acumulam custos. A pesquisa em IA envolve experimentação constante com arquiteturas de modelos, hiperparâmetros e técnicas de treino. Muitos desses experimentos falham e têm de ser refeitos. Quando se considera a necessidade de reservar capacidade de GPU com meses de antecedência, a fatura total de treino para um modelo como o GPT-3 chega a dezenas de milhões de dólares.

E isso é apenas para modelos de linguagem natural especializados. Para modelos de visão computacional que geram imagens e vídeos, os custos são ainda maiores devido ao maior tamanho do modelo e aos requisitos de rotulagem de dados mais caros.

Analisando o Custo de Executar Inferência de IA

Como discutido anteriormente, uma vez que um modelo de IA como o GPT-3 está totalmente treinado, disponibilizá-lo para os utilizadores chama-se inferência. Isto requer exponencialmente menos computações, uma vez que os milhares de milhões de parâmetros do modelo já estão afinados e estabelecidos. Mas a inferência ainda acarreta um custo significativo, especialmente se quiser fornecer um serviço responsivo e ininterrupto.

A despesa decorre principalmente do provisionamento de capacidade para picos de uso e redundância. Vamos supor que estamos a executar um assistente virtual conversacional alimentado pelo GPT-3. Se o serviço enfrentar um pico de procura 10x nas manhãs de segunda-feira à medida que as pessoas conversam com o bot durante o café da manhã, você precisa pagar por ter 10x capacidade ociosa no final da noite de sábado quando o uso cai.

Além disso, você precisa de redundância em regiões geográficas e servidores de backup em caso de falhas. Se um data center da Amazon falhar, você não pode permitir que o seu assistente virtual sofra qualquer interrupção. Portanto, você paga 2x para redundância total. Quando se consideram todas estas realidades, a inferência ainda pode ter um custo significativo, mesmo que os custos por consulta sejam negligenciáveis.

Ao contrário do treino, os custos de inferência são diretamente proporcionais ao tráfego de utilizadores. Se o seu produto decolar, como espera que aconteça, os requisitos de inferência disparam com ele. Isto pode tornar o custo imprevisível e requer planeamento cuidadoso de capacidade. Técnicas como testes de carga, escalabilidade automática e otimização de latência são fundamentais.

Além disso, nem todas as inferências são criadas iguais. Uma resposta rápida de bate-papo pode ser tratada por um assistente de IA no smartphone de alguém. Mas uma pergunta complexa de múltiplos passos pode precisar aceder a um servidor de inferência mais potente com maiores capacidades. Encontrar o equilíbrio certo entre inferência no dispositivo versus na cloud é uma arte e ciência.

A boa notícia é que, uma vez treinados, os modelos de IA generativa podem ser aplicados de inúmeras maneiras através de inferência. O mesmo modelo pode alimentar um assistente virtual de site, um aplicativo conversacional em smartphones, um dispositivo de assistente de voz e mais. Amortizar os custos de treino em diferentes aplicações e casos de uso é importante para alcançar retorno sobre o investimento.

A Disputa Tecnológica em Computação de IA

Reconhece-se que a criação de modelos de linguagem de base demanda uma quantidade substancial de recursos computacionais. Isso representa um obstáculo significativo para novos participantes, tendo em conta que as grandes corporações tecnológicas detêm uma vantagem natural. Possuem mais capital, equipas de cientistas de dados e acesso a conjuntos de dados exclusivos, possibilitando a geração de modelos progressivamente mais abrangentes e eficientes.

Num ambiente em que o tamanho do modelo e a quantidade de dados de treino se correlacionam intimamente com a capacidade, isso resulta em algo como uma 'corrida às armas' de computação de IA. Pequenas empresas e académicos simplesmente não conseguem competir com os recursos que gigantes como Google, Meta e Microsoft podem dedicar ao desenvolvimento de novos algoritmos de IA. A 'corrida às armas' de computação de IA parece cada vez mais um ambiente vencedor-leva-tudo onde os maiores jogadores assumem a maior fatia de mercado. Exemplos de grandes empresas de tecnologia assumindo o controle sobre o ecossistema de IA generativa incluem a participação da Microsoft na OpenAI e a mais recente rodada de investimento de capital de \$235 milhões na Hugging Face por Salesforce, NVIDIA, Google e Amazon. A Hugging Face é mais conhecida pela sua biblioteca de modelos Transformers e pela sua plataforma que permite aos utilizadores partilhar modelos e conjuntos de dados.

Estratégias de Concorrência Frente às Grandes Corporações Tecnológicas

Por outro lado, surgem alternativas que auxiliam entidades menores a disputar com as grandes corporações no campo da IA generativa. Uma estratégia é direcionar esforços para o desenvolvimento de modelos de escopo mais restrito, mas que oferecem um desempenho altamente especializado dentro de sua área de atuação.

Ao focar num caso de uso estritamente definido, é possível treinar modelos capazes com ordens de magnitude menos dados do que sistemas concebidos para serem conversadores de uso geral como o GPT-3.

As empresas também estão a inovar com arquiteturas que conectam módulos menores num sistema conjunto. Isto permite misturar e combinar conjuntos de habilidades com base nas necessidades do utilizador. Por exemplo, um módulo de resposta a perguntas científicas poderia ser combinado com um módulo especializado em raciocínio matemático. Módulos com milhões em vez de milhares de milhões de parâmetros podem ser suficientes e evitar gargalos computacionais.

Técnicas emergentes para afinamento de modelos pré-treinados eficiente em parâmetros (PEFT) como Adaptação de Baixo Ranking (LoRA) são uma ótima alternativa para aqueles que favorecem modelos base existentes.

Além disso, iniciativas de hardware inovadoras são promissoras para oferecer melhores margens de eficiência para o treino.

Assim, mesmo com a capacidade computacional como um entrave considerável, vislumbram-se oportunidades para novos competidores. A democratização poderá emergir por meio do aprimoramento de algoritmos, técnicas PEFT, seleção estratégica de dados de treinamento e hardware especializado. No entanto, o poderio computacional ainda é essencial para desbloquear todo o potencial da IA generativa. Entender esses tradeoffs tecnológicos é fundamental para líderes empresariais que tomam decisões neste ecossistema emergente.

O Caminho Pela Frente: Para Onde os Custos de Computação de IA estão Caminhando

Olhando para o futuro, a demanda por poder computacional de IA provavelmente continuará a aumentar, mas as perspectivas para os custos são mais incertas. Do lado da oferta, as fábricas de chips demoram anos para serem construídas, portanto a oferta permanecerá restrita a curto prazo. Os provedores de cloud estão correndo para adicionar capacidade, mas os seus clientes empresariais maiores têm prioridade.

No entanto, se a oferta eventualmente alcançar a demanda, poderia levar a uma queda nos custos. Alguns especialistas acreditam que estamos perto dos limites da escala do conjunto de dados de treino, sugerindo que o tamanho do modelo pode estabilizar. Se o tamanho do modelo se achatar enquanto o desempenho da GPU continua aumentando de acordo com a Lei de Moore, poderia dobrar a curva de custo. Mas novas arquiteturas de modelos imprevistas poderiam fazer os custos subirem novamente.

Do lado da demanda, a adoção mais ampla da IA em diversos setores alimentará as crescentes necessidades de computação, mesmo que o tamanho do modelo se estabilize. Todas as empresas estarão experimentando IA, impulsionando a demanda na nuvem. Mas técnicas como computação de precisão reduzida, poda de modelos e chips especializados prometem melhor eficiência.

Em última análise, o futuro dos custos de computação de IA será impulsionado pela interação entre forças de oferta e demanda. Embora o crescimento explosivo tenha definido os últimos anos, curvas na curva que diminuem os custos provavelmente estão no horizonte. Mas a extensão e o tempo permanecem incertos. Flexibilidade e uma abordagem estratégica serão fundamentais para as empresas navegarem neste panorama de rápida mudança.

Perguntas Chave que os Líderes Empresariais Devem Considerar

A inteligência artificial promete imensas oportunidades, mas também traz novas complexidades para os tomadores de decisão estratégicos. Aqui estão algumas perguntas-chave que os líderes empresariais devem refletir dadas as realidades reveladas nesta análise profunda:

- Que ativos de dados internos poderíamos alavancar para treinar modelos de IA responsavelmente para as nossas necessidades?

- Quanto controle sobre recursos computacionais de IA e modelos exclusivos precisamos em oposição a confiar em serviços de terceiros em nuvem?

- Existem maneiras de adotar uma abordagem mais focada e delimitada à IA que requer menos dados e computação em comparação com soluções gerais?

- Como podemos treinar modelos de forma eficiente para minimizar impactos de sustentabilidade?

- Como alimentaremos sistemas de IA através de energia renovável e compensaremos emissões?

- Como a IA afetará as nossas emissões de carbono, uso de água e metas ESG gerais?

- Onde podemos usar IA para melhorar as nossas iniciativas de sustentabilidade em outras áreas de negócios?

As dimensões computacionais exploradas em profundidade aqui representam apenas uma peça do quebra-cabeça da IA generativa. Mas entender essas forças é crucial para que os líderes empresariais tomem decisões ousadas na navegação da revolução da IA. Embora os requisitos computacionais pareçam avassaladores, o pensamento estratégico pode abrir novos caminhos para participar.

Conclusões Fundamentais para Gestores Empresariais

- As GPUs, sendo o hardware especializado de alto desempenho que estimula a IA neural por sua habilidade de processamento paralelo, demandam uma grande quantidade de eletricidade, necessitando, assim, de fontes de energia renovável.

- A demanda por computação de IA excede em muito a oferta, forçando startups a dedicar enormes percentagens de capital para garantir acesso ao computador em nuvem.

- O treino de modelos generativos de ponta como o GPT-3 consome toneladas de emissões de CO_2 devido aos requisitos computacionais extraordinários.

- Executar modelos em produção (inferência) ainda acarreta custos significativos para provisionar capacidade para lidar com picos e redundância.

- A corrida armamentista de computação de IA favorece grandes empresas de tecnologia, mas novas abordagens estão surgindo para ajudar a democratizar o acesso a essas poderosas tecnologias.

10

A BATALHA DE ALTA COTAÇÃO PELO FUTURO DA IA: OPEN SOURCE VS. GIGANTES DA BIG TECH

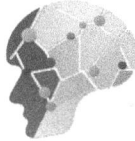

P oderosas novas tecnologias como grandes modelos de linguagem cativaram a imaginação pública. Esses modelos têm o potencial de transformar indústrias e economias—mas também poderiam levar a uma consolidação prejudicial se legisladores e líderes empresariais não forem proativos.

Ao contrário de avanços anteriores em IA que viram rápida consolidação, a concorrência ainda parece vibrante. Isso se deve a alguns fatores fundamentais. Muitos novos modelos estão sendo lançados com APIs abertas ou como código aberto, enquanto no passado a IA era tecnologia proprietária rigidamente controlada. Isso promove inovação por terceiros. Além disso, técnicas inovadoras de treino, como LoRA, permitem que jogadores menores compitam reduzindo requisitos de dados e computação.

No entanto, o acesso aberto não pode ser dado como certo. Modelos públicos gerais como o ChatGPT desfrutam de poderosos efeitos de rede de dados que podem permitir que um ou dois jogadores alcancem domínio imparável. Quanto mais utilizadores um modelo tem, mais dados acumula, mais rápido melhora—atraindo ainda mais utilizadores. Nos bastidores, titãs tecnológicos como Google, Meta, Microsoft e OpenAI estão envolvidos numa batalha de alto risco pelo domínio e controle sobre a trajetória futura da IA.

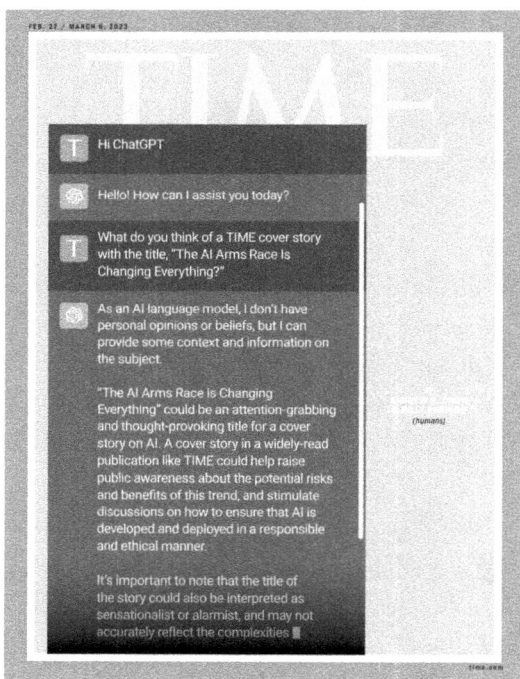

Uma capa da Time de 2023: "A Corrida Armamentista de IA Está Mudando Tudo"[66]

Cada vez mais, esse embate parece girar em torno da competição entre abordagens em código aberto e proprietárias para desenvolver sistemas de IA. IA em código aberto refere-se a sistemas de IA construídos com código e dados transparentes, disponíveis para qualquer um usar, modificar, estender e desenvolver livremente. Isso contrasta com modelos de IA proprietários controlados por grandes empresas de tecnologia como segredos comerciais ocultos. Pequenas empresas e startups têm uma abertura graças às fundações em código aberto e técnicas avançadas. Mas a viabilidade de longo prazo permanece não comprovada.

A OpenAI foi uma vez na vanguarda dos princípios código aberto, começando a vida como um laboratório sem fins lucrativos em 2015 com a missão de "construir valor para todos, e não acionistas" e uma política incentivando funcionários a "publicar seu trabalho, seja como artigos, posts de blog ou código". Mas nos últimos anos, a OpenAI desviou-se para práticas cada vez mais fechadas, especialmente após aceitar o investimento de US$1 bilhão da Microsoft em 2019. A OpenAI também se afastou das preocupações vocalizadas inicialmente sobre os riscos de segurança de lançar poderosos sistemas de IA livremente no mundo, em direção a defender e promover os seus próprios modelos como GPT-3 e GPT- 4 para ganho comercial, enquanto avisa sobre os perigos de alternativas ainda mais avançadas.

Muitos especialistas têm defendido o código aberto como solução para a excessiva concentração de poder e controle da IA nas mãos de poucos gigantes da Big Tech, como Google, Meta, Microsoft e até a OpenAI. Os sistemas abertos têm o potencial de fomentar uma inovação mais diversificada em IA, ultrapassando os limites restritos dos "jardins murados" das grandes corporações tecnológicas. Eles oferecem a pesquisadores independentes, startups, entidades sem fins lucrativos e ao público em geral a oportunidade de auditar, contribuir e desenvolver IA de maneira aberta e colaborativa. No entanto, historicamente, as principais empresas de tecnologia demonstraram habilidade em cooptar código aberto para vantagem competitiva, integrando inovações abertas nos seus produtos e serviços proprietários, enquanto cedem pouco terreno no seu domínio.

A Ansiedade do Google Sobre Perder Terreno para IA de Open Source

Um memorando interno vazado recente do Google fornece uma janela notável para a crescente ansiedade da empresa sobre perder terreno para sistemas de IA em código aberto:

> Não estamos posicionados para ganhar esta corrida armamentista e nem é a OpenAI. Enquanto estamos brigando entre nós, uma terceira facção tem comido tranquilamente nosso almoço. Estou falando, é claro, sobre o código aberto.

O memorando admite abertamente que o Google agora está muito atrás da comunidaem código aberto em IA generativa: modelos em código aberto frequentemente igualam ou superam as capacidades dos modelos desenvolvidos internamente pelo Google, apesar de exigirem investimentos financeiros e recursos computacionais muito menores.

O memorando ressalta como sistemas de código aberto possibilitam uma colaboração de alcance global inatingível dentro dos confins corporativos. Por exemplo, detalha o modo como milhares de colaboradores da Databricks se mobilizaram com agilidade para criar coletivamente um banco de perguntas e respostas de alta qualidade para um modelo em código aberto denominado Dolly, em um período de semanas. Em contraste, o Google e a OpenAI confiaram em raspar fóruns como o Reddit para obter os seus dados de treino. Os dados por trás do Dolly vêm diretamente de profissionais com o objetivo de produzir um recurso de informação de maior profundidade e qualidade em comparação com as típicas migalhas de dados conversacionais extraídos de fóruns públicos na internet.

O memorando do Google também adverte que a mera escala do modelo e o gasto, anteriormente considerados uma das principais vantagens do Google, agora se transformaram em obstáculos comparados ao ritmo relativamente ágil de inovação demonstrado pela comunidaem código aberto:

Problemas que consideramos "grandes problemas em aberto" são resolvidos e nas mãos das pessoas hoje... No início de março, a comunidaem código aberto colocou as mãos no seu primeiro modelo base realmente capaz [LLaMA vazado da Meta]. Um tremendo surto de inovação se seguiu, com apenas dias entre grandes desenvolvimentos.

Os progressos impressionantes da comunidade de código aberto em IA se destacam particularmente na área de criação de imagens. Segundo o memorando, o sistema de geração de imagens de código aberto Stable Diffusion, lançado em agosto de 2022, superou o uso do DALL-E da OpenAI, uma IA de imagens, em questão de semanas após seu lançamento. Isso demonstra a formidável velocidade e poder colaborativo semelhante a enxame incorporado pela

comunidaem código aberto global que não pode ser facilmente igualado por qualquer empresa privada.

A Longa História das Grandes Empresas de Tecnologia Cooptando Open Source para Ganho Competitivo

No entanto, as principais empresas de tecnologia têm um
longo histórico de cooptar com sucesso tecnologias código
aberto originalmente destinadas a democratizar o acesso à
tecnologia para a sua própria vantagem competitiva,
enquanto frequentemente prestam lip service aos ideais de
democratização.

> Algumas empresas mudaram para adotar a IA 'aberta'
> como um mecanismo para consolidar o poder de
> mercado, usando a retórica da IA 'aberta' para
> expandir o poder de mercado, ao passo que investem
> em esforços de IA 'aberta' de maneiras que lhes
> permitem definir padrões de desenvolvimento benefi-
> ciando-se do trabalho gratuito de colaboradores em
> código aberto.
>
> —David Gray Widder, Sarah West, Meredith
> Whittaker[64]

Grandes corporações de tecnologia habilmente usam a sua
escala e recursos puros para definir padrões de forma efetiva
e direcionar a direção de projetos código aberto de acordo
com os seus próprios interesses comerciais, beneficiando-se
tremendamente do trabalho gratuito contribuído por desen-

volvedores código aberto externos para melhorar os seus ecossistemas.

Por exemplo, o TensorFlow do Google e o PyTorch da Meta são projetados para optimizar a integração com as suas respectivas plataformas de computação em nuvem corporativas, atraindo adeptos de pesquisadores e desenvolvedores que apreciam a conveniência da integração perfeita.

Como o CEO da Meta, Mark Zuckerberg, admitiu francamente numa recente teleconferência de resultados, a abertura do código do PyTorch:

> integra-se com a nossa pilha tecnológica, [então] quando surgem oportunidades para integrações com produtos, torna-se muito mais fácil garantir que os desenvolvedores e demais colaboradores estejam alinhados com as nossas necessidades e com o funcionamento dos nossos sistemas.

Muitas vezes, os aspectos mais significativos de IA "aberta" consistem em lançar modelos pré-treinados como o BERT do Google e o LLaMA da Meta sob licenças permissivas. Esses modelos base colocam desenvolvedores externos em posição de vantagem, fornecendo uma base sólida na qual podem construir por meio de técnicas como fine-tuning para tarefas específicas, em vez de construir modelos totalmente novos do zero.

No entanto, mesmo esses modelos em código aberto pré-treinados esmagadoramente continuam a ser executados nas plataformas de computação em nuvem dos gigantes da tecnologia como AWS, Azure e GCP quando implantados na prática. Além disso, as corporações estão em posição de obter uma vantagem imensa ao reincorporar melhorias contribuídas pela comunidaem código aberto de volta nas suas próprias ofertas comerciais.

A Verdadeira Colaboração Aberta Requer Independência de Infraestrutura

A realidade atual é que a afinação dos modelos de IA em código aberto das grandes tecnológicas não constitui, de forma fundamental, uma descentralização ou democratização da IA. Uma verdadeira colaboração e inovação abertas requerem liberdade e independência – a capacidade de construir desde o início, sem a dependência dos sistemas e ecossistemas proprietários controlados por um punhado de grandes corporações tecnológicas.

Atualmente, os recursos fundamentais essenciais à investigação e desenvolvimento de IA de ponta, como capacidade de cálculo, bases de dados, frameworks de desenvolvimento e modelos pré-treinados, permanecem esmagadoramente centralizados sob o controlo da Amazon, Microsoft, Google e alguns outros gigantes que operam as principais plataformas de computação na nuvem. Os esforços em código aberto não podem verdadeiramente florescer ou competir se estiverem confinados aos limites das plataformas de computação em nuvem e ecossistemas proprietários das grandes empresas tecnológicas.

Os decisores políticos estão a escrutinar a imensa e ainda crescente concentração de poder e propriedade no setor de tecnologia da IA. Mas intervenções bem-intencionadas, tais como regulamentações e divisões, poderiam inadvertidamente reforçar a dominância da infraestrutura centralizada existente e dos ecossistemas, se não forem cuidadosamente planejadas — não sendo, certamente, uma grande preocupação para as principais empresas tecnológicas no contexto das suas operações de múltiplos triliões.

Em vez disso, os reguladores e legisladores deveriam promover políticas explicitamente destinadas a nutrir terreno fértil para o desenvolvimento em código aberto independente, que possa prosperar fora das restrições dos sistemas tecnológicos proprietários operados pelas nuvens corporativas megalíticas. Por exemplo, os governos poderiam financiar e apoiar capacidades de supercomputação não corporativas para treinar modelos, patrocinar a criação de bases de dados públicas abertas e diversificadas, e fornecer incentivos para os pesquisadores construírem novos modelos de IA de raiz sob licenças abertas permissivas, em vez de confiarem apenas na afinação dos modelos base existentes das grandes tecnológicas.

O futuro da IA não precisa degenerar numa escolha falsa simplista entre total abertura e proibições ou restrições pesadas impulsionadas por regulamentação excessiva. Mas devemos caminhar com cuidado e propósito para cultivar ecossistemas de IA abertos e colaborativos, que possam florescer além dos jardins murados e sistemas proprietários estritamente controlados das grandes tecnológicas. Só fazendo isto é que podemos esperar explorar o potencial completo para a inovação transformadora prometida pela IA, de uma forma que beneficie amplamente a sociedade.

A Batalha de Alto Risco pelo Controlo da Trajetória da IA

Filosofias em código aberto outrora prometiam democratizar o acesso a tecnologias de vanguarda de forma radical. No entanto, para a IA, o desfecho da intensa batalha entre sistemas abertos e fechados permanece altamente incerto.

Poderosos incentivos levam as grandes potências corporativas a cooptar esforços em código aberto para um maior lucro e controlo, por mais subtis que tais dinâmicas possam surgir. Contudo, comunidades abertas independentes resistem intrinsecamente às restrições e ao controlo centralizado sobre a capacidade de inovar. Ambas as partes estão a preparar-se para uma longa luta.

O memorando interno divulgado pelo Google indica que o gigante da internet teme perder o controlo da sua anteriormente inabalável liderança em IA, à medida que sistemas abertos descentralizados mostram capacidades de desbloquear potencial colaborativo em escalas globais, impossíveis dentro dos limites de qualquer entidade corporativa privada. A batalha pelo futuro caminho da inteligência artificial está apenas a começar.

O Caminho a Seguir para Líderes Empresariais

À medida que a competição entre IA em código aberto e proprietária se intensifica, líderes empresariais enfrentam decisões críticas sobre como adotar capacidades de IA de forma estratégica, sem ceder demasiado controlo ou ficar aprisionados em ecossistemas restritivos. Aqui estão algumas orientações importantes para navegar neste panorama complexo:

1. Avalie os riscos de dependência do fornecedor e falta de transparência

Confiar demasiado em IA proprietária de um único gigante tecnológico cria dependências preocupantes. A falta de visibilidade nos dados de treino e na lógica do modelo em sistemas fechados também apresenta riscos. Analise profundamente os prós e contras de usar código aberto versus fornecedores comerciais em termos de transparência, extensibilidade e evitando a dependência.

2. Explore modelos de ecossistema de nicho adaptados às suas necessidades

Comunidades emergentes em código aberto estão a criar ecossistemas vibrantes adaptados às necessidades de indústrias específicas, como medicina ou finanças. Estes ecossistemas podem oferecer acesso acessível a dados de treino de alta qualidade, modelos e ferramentas personalizados para o seu domínio. Embora mais pequenos em escala do que as nuvens das grandes tecnológicas, eles fornecem capacidades direcionadas sem dependência.

3. Invista em competências internas para ajustar e auditar modelos fundamentais

Seja utilizando modelos em código aberto ou comerciais, possuir expertise interna para adaptar modelos e avaliar rigorosamente as saídas proporciona maior controlo. Priorize o crescimento de equipas multidisciplinares que incluam ciência de dados, engenharia e ética, para personalizar, melhorar e auditar IA de forma responsável, de acordo com as necessidades do seu negócio.

4. Esteja preparado para mudar de fornecedor se o desempenho estagnar ou os custos aumentarem

Evite investir demasiado em ecossistemas proprietários para manter a flexibilidade de adotar alternativas. Mantenha a integração modular e os dados acessíveis. Contribua para padrões abertos. Estas medidas mantêm opções abertas se a relação com o seu fornecedor atual deteriorar ou se modelos em código aberto se destacarem.

5. Fomente parcerias mantendo a propriedade intelectual chave

Colabore com pesquisadores e fornecedores de nicho através de contratos que concedam à sua empresa a propriedade de IP inovador desenvolvido em cima de modelos que licenciou corretamente. Isto equilibra a abertura para estimular a inovação com a proteção de diferenciadores vitais.

6. Obtenha clareza sobre o uso permitido de dados de treino

Trabalhe com conselheiros jurídicos para desenvolver políticas e obter licenças que permitam o uso de texto, imagens ou outros dados proprietários no treino de modelos, sujeitos a medidas adequadas de privacidade de dados. Problemas de IP surgem, mas existem muitas oportunidades para partilha de dados mutuamente benéfica.

7. Mantenha-se informado sobre regulamentações emergentes

Esteja particularmente atento a novas regras relacionadas com transparência obrigatória, auditorias, responsabilidades e IP para sistemas de IA à medida que os governos se atualizam em relação às realidades tecnológicas. Avance proativamente em direção a práticas responsáveis que provavelmente serão codificadas em lei.

Em resumo, evite uma dependência excessiva em ecossistemas proprietários restritivos à medida que a competição entre IA aberta e fechada se intensifica. Com visão estratégica e compromisso em desenvolver expertise interna, as empresas podem utilizar de forma responsável o poder da IA sem ceder demasiado controlo. Embora existam desafios, o enorme potencial torna essencial navegar neste terreno complexo.

11

O CICLO DE VIDA DE PROJETOS DE IA GENERATIVA

Implementar IA generativa requer planejamento e execução ponderados abrangendo seleção de modelo, treino, integração e monitoramento. Este capítulo fornece uma visão geral das principais fases de um ciclo de vida de projeto de IA generativa para servir como um guia para líderes que exploram esta tecnologia. Cubro o ciclo de vida em alto nível, com foco no porquê e no que de cada fase, deixando os detalhes para capítulos posteriores.

Visão geral do ciclo de vida

1. Definir caso de uso:

- Identificar necessidades de negócios
- Enquadrar objetivos
- Definir métricas de sucesso

2. Selecionar modelo base:

- Pré-treinado ou personalizado

- Considerar capacidades, velocidade, custo
- Revisar plataforma e ferramentas

3. Adaptar modelo:

- Engenharia de prompts
- Ajuste fino
- Laços de feedback humano
- Avaliação

4. Integrar e implantar:

- Otimizar para inferência
- Desenvolver aplicações
- Monitoramento e conformidade

Definindo o Caso de Uso

O primeiro passo em qualquer projeto de IA generativa é identificar uma necessidade de negócio clara que esta tecnologia possa potencialmente abordar. Como mencionado em capítulos anteriores, alguns casos de uso comuns incluem agentes conversacionais ou criação de conteúdos.

O caso de uso deve ser específico o suficiente para orientar o processo de seleção e treino de modelos, mas amplo o suficiente para permitir flexibilidade na fase de integração. Por exemplo, um negócio pode precisar de um assistente de IA para responder a consultas básicas de atendimento ao cliente ou desejar usar IA generativa para criar fichas técnicas sobre os seus produtos a partir de modelos.

Igualmente crucial é definir como o sucesso se parece mesmo antes do desenvolvimento começar. Métricas quantificáveis podem incluir:

- Redução do tempo de criação de conteúdo em 40%.
- Melhorou a pontuação de qualidade para texto gerado de 3/5 para 4/5.
- 90% de precisão ao responder às perguntas dos clientes sem escalonamento.

Tais objetivos alinham as expectativas das partes interessadas e fornecem réguas concretas para avaliar posteriormente o aplicativo de IA generativa.

Ao enquadrar o caso de uso, também é importante considerar as necessidades mais amplas das partes interessadas através de uma lente ética. Como a IA generativa impactará as pessoas dentro da organização? Ele cria oportunidades de reciclagem ou redundância? Existem preocupações sobre privacidade ou violação de direitos autorais que precisam ser abordadas? Qual é a pegada de carbono e o impacto ambiental?

Adotar uma abordagem centrada no ser humano e no design thinking pode lançar luz sobre todas as perspectivas das partes interessadas—funcionários, clientes, comunidades locais, reguladores, etc. Incorporar essas considerações na definição do caso de uso garante um enquadramento holístico que atenda tanto aos objetivos de negócios quanto ao bem social.

Selecionando o Modelo Base

Após a definição do caso de uso, o passo subsequente é a seleção de um modelo base apropriado para ser adaptado e otimizado conforme a necessidade empresarial específica. As opções disponíveis incluem:

1. **Modelos pré-treinados:** Mais comuns são modelos base de fornecedores como Anthropic, Cohere, OpenAI e AI21, que são treinados em enormes corpora de texto. Exemplos populares são Claude 2, GPT-4, Codex e Jurassic-2. Eles podem gerar respostas de texto a partir de prompts curtos diretamente da caixa.

2. **Modelos personalizados:** para necessidades mais especializadas, modelos personalizados podem ser treinados do zero em conjuntos de dados exclusivos, embora isso exija tempo e recursos significativos.

Ao pré-selecionar opções, os principais fatores a considerar são:

- **Dimensão do modelo:** Modelos de maior escala (com bilhões de parâmetros) apresentam mais potência, contudo, são mais lentos e onerosos para realizar inferências.

- **Dados de treinamento:** Modelos instruídos com dados variados e de qualidade superior são mais eficazes no manuseio de um leque mais vasto de tarefas.

- **Capacidades:** Avalie os modelos disponíveis em precisão, capacidade de raciocínio, criatividade com base em prompts de teste. Você também pode precisar avaliar capacidades específicas de domínio ou caso de uso, como capacidades de linguagem financeira ou escrita de texto longo.

- **Velocidade de inferência**: Crítico se o aplicativo de IA for voltado para o cliente com expectativas em tempo real.

- **Custo**: Considere preços baseados em uso de fornecedores, bem como recursos de computação e engenharia.

- **Plataforma e ferramentas**: Avalie plataformas de desenvolvimento de modelos, SDKs, APIs fornecidos para integrar, monitorar e gerenciar o modelo após a implantação.

- **Considerações éticas**: Avalie a sustentabilidade, as práticas trabalhistas e os compromissos ESG dos fornecedores.

Aproveite modelos menores sempre que possível para optimizar custo e velocidade sem comprometer a qualidade.

Adaptando o Modelo

A próxima fase concentra-se na personalização do modelo base para desempenho ideal no caso de uso-alvo. Existem algumas técnicas para adaptar modelos:

- **Engenharia de prompts**: a formulação de prompts orienta o comportamento do modelo sem modificar os parâmetros reais. Os prompts fornecem contexto ao modelo e restringem as saídas para corresponder às necessidades do aplicativo. Por exemplo, um longo prompt conversacional pode obter um diálogo rico do modelo.

- **Ajuste fino:** isso envolve treino adicional, expondo o modelo a conjuntos de dados personalizados relevantes para a tarefa subsequente. Por exemplo, um gerador de conteúdo de marketing pode ser ajustado finamente nas cópias de anúncios e catálogos de produtos passados de um cliente. A afinação melhora significativamente o desempenho dos modelos base.

- **Ciclos de feedback humano:** A geração de amostras de saída e a sua classificação manual como corretas ou incorretas constituem um sinal de aprendizagem essencial para a evolução contínua dos modelos.

A avaliação é fundamental durante a fase de adaptação para quantificar o progresso. Exemplos de métricas são semelhança com texto específico de domínio, coerência, gramática, precisão para tarefas de classificação/extração, etc. O modelo deve demonstrar um desempenho sólido em métricas em dados de teste antes da integração em aplicações. A avaliação rigorosa também sinaliza precocemente qualquer saída tendenciosa ou incorreta.

Integração de Aplicativos

Depois que o desenvolvimento do modelo é concluído, a fase final concentra-se na integração e implantação para utilizadores finais. As principais etapas incluem:

- **Otimização para inferência:** Antes da implantação, os modelos passam por processamento adicional para optimizar a sua velocidade e desempenho. Isso inclui convertê-los em formatos eficientes adequados para aplicações, sites e dispositivos. Técnicas avançadas como quantização e poda são aplicadas. A quantização diminui a precisão dos cálculos realizados pelo modelo com o intuito de economizar memória e capacidade de processamento. A poda remove conexões redundantes do modelo. Conjuntamente, estas técnicas viabilizam previsões em tempo real e estáveis, mesmo com recursos computacionais restritos, a exemplo de smartphones ou tablets. A otimização garante que a experiência de IA seja rápida e fluida para os utilizadores finais.

- **Desenvolvimento de aplicações:** As aplicações que utilizam LLMs abrangem desde geradores de conteúdo até mecanismos de busca semântica e dashboards analíticos. É necessário configurar uma infraestrutura escalável com atenção à segurança, latência e disponibilidade.

- **Monitoramento e conformidade:** O monitoramento rigoroso ajuda a detectar a diminuição do desempenho do modelo ao longo do tempo. As saídas devem ser revisadas periodicamente quanto a vieses e erros prejudiciais. Políticas de uso e práticas de conformidade são instituídas, especialmente em setores regulamentados como saúde.

Conclusão

Implementar IA generativa para transformar processos de negócios requer planejamento meticuloso e execução em fases. As empresas devem definir o caso de uso claramente primeiro e estabelecer metas mensuráveis. Depois de selecionar o modelo certo, ele deve ser cuidadosamente adaptado usando técnicas como a afinação e validação em loop com humanos. Testes e monitoramento rigorosos são cruciais antes da implantação em larga escala.

Como cada fase merece tempo e recursos antecipados, a realização de retornos exige paciência. As empresas que conseguirem incorporar com segurança modelos generativos nos seus produtos, serviços e operações podem ganhar vantagem nos seus sectores.

12

DEFININDO O CASO DE USO

O primeiro e decisivo passo em qualquer empreendimento de IA generativa é a definição precisa do caso de uso — a demanda ou chance de negócio específica que será atendida com essa tecnologia. A despeito de poder se apresentar como uma tarefa simples, uma deliberação cuidadosa do caso de uso estabelece as bases para todo o ciclo de vida do projeto. Ela orienta o desenvolvimento dos modelos, sincroniza as expectativas das partes interessadas e, finalmente, define o êxito ou o fracasso da aplicação de IA.

Neste capítulo, abordarei os elementos-chave que compõem uma definição robusta de caso de uso. Também percorrerei um exemplo detalhado para ilustrar a estrutura em ação. Com uma sólida compreensão do desenvolvimento de casos de uso, os profissionais de IA generativa podem começar com o pé direito e evitar armadilhas comuns decorrentes de objetivos pouco claros ou planejamento incompleto.

Definir o caso de uso responde a perguntas fundamentais como:

- Que problema específico nossa solução de IA generativa visa resolver?
- Como mediremos o sucesso deste projeto?
- Que tipo de dados é necessário?
- Quais são as partes interessadas e como elas interagirão com o sistema de IA?
- Quais riscos ou restrições precisam ser abordados?

Investigar e delinear meticulosamente cada aspecto capacitará as equipes a criar uma IA alinhada com os objetivos empresariais, as exigências das partes interessadas e os princípios éticos.

Elementos da Definição do Caso de Uso

Embora os componentes exatos possam variar entre organizações e projetos, alguns elementos-chave formam o núcleo de uma definição de caso de uso:

1. Título e histórico do projeto

Um título explicativo do projeto e uma contextualização geral fornecem a ambientação e os contornos do caso de uso. Imagine, por exemplo, uma empresa jornalística que lança o projeto "Gerador Automático de Conteúdos Esportivos" visando diminuir a necessidade de redatores especializados na produção de conteúdos rotineiros e focados em notícias esportivas fundamentais. Esta contextualização prepara o terreno para os pormenores do caso de uso que serão explorados a seguir.

2. Objetivos e resultados esperados

Esta seção define claramente os objetivos do projeto de IA generativa—os objetivos de negócios, resultados-alvo e métricas de sucesso. Usando o exemplo anterior, a empresa de mídia pode precisar que a IA crie 20 artigos de resumo de esportes por semana com uma classificação média de leitor de 4 de 5. Objetivos quantificáveis como receita ou economia de custos melhorados, volume de produção aumentado, pontuações de qualidade mais altas etc. devem ser explicitamente delineados.

3. Escopo, restrições e suposições do projeto

A subseção de escopo esclarece o que está dentro e fora do escopo para o sistema de IA. Para o gerador de artigos esportivos, elementos-chave de conteúdo como estatísticas de jogo, perfis de jogadores e imagens podem estar no escopo, enquanto a geração de novas linhas de história ou entrevistas de jogadores estariam fora do escopo. Definir o escopo evita o aumento de escopo durante o desenvolvimento.

Restrições técnicas, de recursos ou regulatórias fundamentais precisam ser sinalizadas, bem como suposições sendo feitas, digamos, sobre qualidade ou capacidades de dados do modelo.

4. Fontes e requisitos de dados

Esta seção detalha os dados necessários para treinar, avaliar e implantar o modelo de IA. Em nosso exemplo, artigos esportivos anteriores, dados de jogadores e torneios, modelos de artigos e estatísticas de leitores seriam necessários em volumes suficientes. Os fluxos de trabalho de coleta, licenciamento, rotulagem e processamento de dados devem ser definidos.

5. Métricas de sucesso e plano de avaliação

As métricas para avaliar o desempenho do modelo devem ser estabelecidas antecipadamente, alinhadas aos objetivos —por exemplo, avaliação automatizada versus humana de gramática, legibilidade, precisão e satisfação geral do leitor. Definir métricas e um fluxo de trabalho de avaliação evita mudar o objetivo posteriormente. Testar em dados fora da amostra é vital.

6. Cronogramas e orçamento do projeto

O planejamento prático do projeto requer delinear cronogramas para cada fase—preparação de dados, seleção de modelos, treino, teste, refinamento e implantação. O orçamento também deve ser feito para infraestrutura de computação, ferramentas, engenharia e quaisquer serviços externos. Mesmo estimativas aproximadas fornecem guarda-corpos.

7. Riscos e estratégias de mitigação

O gerenciamento pró-ativo de riscos é crucial, pois a IA generativa carrega múltiplos riscos em torno de dados, desempenho do modelo, integração, ética e mais. Nossa empresa de mídia pode precisar mitigar riscos como problemas de direitos autorais nos dados de treino, artigos escritos por IA que se afastam dos fatos, reação negativa das ligas esportivas e a desconfiança geral da escrita automatizada. A gestão de mudanças também pode ser necessária. Pensar antecipadamente na mitigação reduz o combate a incêndios posterior.

Com os elementos-chave acima, as organizações podem enquadrar completamente os seus casos de uso. Um exemplo detalhado ajudará a ilustrar isso na prática.

Exemplo de Definição de Caso de Uso

Como autora que está a escrever o segundo volume de uma saga de ficção científica de seis partes, o meu objetivo é investigar um caso de uso para um assistente de escrita com IA adaptado especificamente ao meu trabalho criativo. Embora eu rejeite a utilização de copilotos de IA disponíveis atualmente, devido a preocupações com os dados utilizados no treino, beneficiaria imensamente de um assistente treinado exclusivamente com o conteúdo da minha série.

Definir este caso de uso nos permite obter uma visão prática desta fase crucial do ciclo de vida da IA generativa. Também aprofunda nossa compreensão dos riscos que as empresas enfrentam ao aproveitar a tecnologia de IA generativa em rápida evolução, mesmo de maneira bem intencionada. Podemos identificar desafios em torno do controle de dados, transparência do modelo e preservação da visão criativa ao ceder qualquer parte da agência para copilotos de IA.

Este caso de uso assenta na minha perspectiva enquanto autora, ponderando tanto as vantagens quanto os riscos potenciais de colaborar com uma IA treinada com dados eticamente recolhidos dos meus livros.

Título do Projeto: Copiloto de Escrita Ficcional de Forma Longa por IA.

Contexto: A autora da série Spiral Worlds, uma coleção adulta de ficção científica, procura desenvolver um assistente de IA personalizado para auxiliar na continuação e conclusão da série.

. . .

Objetivo: Criar um copiloto de IA adaptado ao universo da série que se alinha perfeitamente com o estilo de texto único da autora e auxilia no refinamento e conclusão do texto, tudo enquanto adere à linha do tempo intricada, personagens e mundos da série.

Escopo:

a) No escopo:

- Conclusão textual com base no conteúdo previamente escrito. A conclusão deve ser consistente com o estilo de escrita, história, linha do tempo e perfis de personagens estabelecidos.

- Oferecer sugestões contextualmente apropriadas, técnicas, estilísticas e estruturais para melhorar a gramática, o ritmo, o enredo, a perspectiva consistente do personagem/teoria da mente.

- Destacar informações importantes sobre personagens, enredo e construção de mundos de conteúdo existente.

- Gerar dados de treino sintéticos corrompendo passagens de livros existentes.

b) Fora do escopo:

- Gerar linhas de enredo ou eventos principais totalmente novos.

- Adotar ou imitar estilos de outros autores.

- Criar novos personagens ou mundos sem a entrada do autor.

- Substituir a imaginação e a ideia do autor.

Fontes de Dados:

- Capítulos de livros publicados e rascunho na série.

- Resumos de capítulos gerados por IA e verificados por humanos. (Claude 2, devido à grande janela de contexto)

- Resumos e perfis de personagens gerados por IA e verificados por humanos. (Claude 2, devido à grande janela de contexto)

- Linhas do tempo detalhadas, tanto dentro dos livros quanto eventos de histórias adicionais.

- Descrições dos dez mundos e todos os lugares.

Principais Requisitos:

- Acesso abrangente ao conteúdo existente do autor.

- Capacidade de entender e utilizar grandes janelas de contexto.

- Previsão para interagir com bancos de dados de histórias ou fontes de dados externas semelhantes.

- Replicação consistente e aperfeiçoamento do estilo de escrita distinta do autor.

- Mecanismos de feedback alinhados com padrões literários.

Restrições:

- Limitações na janela de contexto da IA, exigindo soluções inovadoras.

- Possíveis desafios em garantir que a IA não se afaste muito da história ou do estilo do autor estabelecidos.

- Dependência das plataformas/ferramentas disponíveis para treino de IA.

Premissas:

- Os dados de treino fornecidos serão suficientes em volume e variedade para ensinar à IA os nuances da série.

- A IA, uma vez ajustada finamente, pode manter um estilo de escrita que se alinha intimamente com o do autor.

Partes Interessadas:

- A autora.
- A editora.
- Leitores da série.
- Qualquer equipe técnica ou consultores envolvidos no processo de treino da IA.

Métricas de Avaliação:

- Porcentagem de precisão nas conclusões contextuais apropriadas.

- Laços de feedback avaliando a adesão ao estilo do autor.

- Eficácia do feedback e sugestões de escrita da IA. Taxa de aceitação de sugestões úteis.

- Laços de feedback avaliando a capacidade de responder a consultas sobre detalhes e história da história.

- Redução no tempo gasto escrevendo cada capítulo.

Cronograma:

- Preparação de dados.
- Seleção e treino preliminar do modelo.
- Teste e validação inicial.
- Refinamentos com base no feedback dos testes.
- Implantação e integração no fluxo de trabalho de escrita.

Riscos e Mitigação:

Risco: Dependência excessiva da IA, potencialmente diluindo a voz única do autor.

Mitigação: Use a IA principalmente para sugestões e refinamentos, em vez da criação de conteúdo primário.

Risco: Preocupações com a privacidade dos dados.

Mitigação: A série não deve ser usada para treinar modelos base públicos. Use plataformas que garantam a privacidade dos dados ou aproveite configurações locais.

· · ·

Risco: Falha da IA em alcançar os níveis de desempenho desejados.

Mitigação: Ajuste fino iterativo e possivelmente incorporação de dados de treino adicionais.

Risco: Modelos base treinados de forma não ética.

Mitigação: Selecione modelos base desenvolvidos com alta transparência sobre a origem dos dados de treino e altos padrões éticos.

Risco: A utilização de IA na criação de conteúdos pode suscitar dúvidas relativas a direitos autorais.

Mitigação: Manter uma documentação detalhada que comprove que o conteúdo original da série foi criado pelo autor antes da disponibilização pública de ferramentas gerativas de IA. Assegurar transparência quanto à procedência dos dados utilizados para treino. Providenciar documentação do modelo, incluindo cartões de modelo e fichas técnicas dos conjuntos de dados, para reforçar a confiança na IA como ferramenta de desenvolvimento da propriedade intelectual já existente do autor. Investigar métodos adicionais de verificação, como a inserção de marcas d'água digitais nas produções da IA. Comunicar proativamente com as editoras, entidades gestoras de direitos autorais e leitores sobre o caráter auxiliar do uso da IA.

Orçamento:

- Recursos computacionais para treino de IA.
- Custos de licenciamento para ferramentas/plataformas: varia de acordo com a escolha.

Produto Mínimo Viável:

- Assistente que fornece sugestões de próxima palavra/frase dado o contexto de escrita.
- Capacidade de consultar fatos importantes da história.
- Identificar erros ou inconsistências no texto.

Este exemplo cobre todas as facetas de uma definição abrangente de caso de uso—definição de metas, necessidades de dados, partes interessadas, riscos, cronogramas e muito mais. Para projetos complexos, detalhes adicionais sobre gestão de mudanças, planos de comunicação e governança de modelos podem ser justificados.

Como parte interessada neste caso de uso hipotético, eu pararia este projeto neste ponto, devido a preocupações com direitos autorais. O panorama regulatório ainda está mudando e o risco de não obter os direitos autorais para os meus trabalhos é determinante. No entanto, como profissional de IA, continuarei a explorar o caso de uso como uma maneira de me ajudar e às minhas comunidades a obter insights sobre todos os aspectos dos LLMs e desenvolvimento de IA generativa de todas as perspectivas: líderes de negócios, utilizadores, comunidades, desenvolvedores, trabalhadores, etc.

Saber quando parar em meio à hipervalorização, pressões comerciais e falácia dos "custos afundados" é uma habilidade que todos nós precisamos adquirir à medida que os riscos associados a julgamentos ruins se intensificam com esses modelos poderosos.

Principais Resultados

Definir o caso de uso é invaluable para orientar projetos de IA generativa. Os principais resultados incluem:

- O caso de uso fornece direcionamento estratégico e alinhamento para todas as partes interessadas.
- Ele abrange exaustivamente metas do projeto, dados, métricas, cronogramas, riscos e premissas necessários.
- Casos de uso com base em estruturas robustas se manifestam em IA que resolve desafios de negócios reais.
- Como exemplificado em nossa amostra, os casos de uso enquadram tanto os resultados desejados quanto a implementação ponderada.
- Investir antecipadamente no desenvolvimento de casos de uso evita esforços desperdiçados por objetivos vagos ou desalinhados.

Em conclusão, definir claramente o caso de uso é um passo vital para gerar valor a partir de investimentos em IA. Um caso de uso bem enquadrado atua como o norte verdadeiro que orienta a construção e integração do modelo. Ele fundamenta as implantações de IA em necessidades de negócios reais.

À medida que a IA generativa se torna um componente central de produtos, processos e serviços, o desenvolvimento de casos de uso muda de uma etapa tática para uma capacidade estratégica. As organizações devem investir na estrutura de casos de uso enraizados nas necessidades dos clientes, princípios éticos e execução pragmática. Somente assim a IA generativa poderá ser alavancada para valor compartilhado sustentável.

13

OBTENÇÃO E PREPARAÇÃO ÉTICA DE DADOS PARA LLMS

Antes de mergulhar no restante do ciclo de vida do projeto para grandes modelos de linguagem, é crucial abordar o aspecto fundamental desses modelos: os seus dados. Para LLMs, os dados são a pedra fundamental. A qualidade, diversidade e ética em torno da coleta e processamento de dados influenciam significativamente a precisão resultante do modelo, preconceitos e eficácia.

Por Que a Obtenção Ética de Dados É Crucial

Cada fragmento de informação absorvido por um modelo é decisivo na determinação do seu comportamento. A integridade, clareza e diversidade dos dados impactam diretamente os resultados gerados pelos LLMs. Desconsiderar as nuances éticas na coleta de dados pode, sem intenção, reforçar estereótipos negativos, propagar desinformação ou originar deficiências de conhecimento, além de violar os direitos dos criadores dos dados.

- **Proteção de Dados Pessoais:** A coleta de dados frequentemente implica o acesso a informações pessoais identificáveis (IPI) ou dados pessoais sensíveis. Na ausência de controles rigorosos, surge o risco de utilização imprópria ou divulgação acidental.

- **Assegurando Representatividade:** A questão transcende a quantidade de dados para abranger sua variedade. Confiar demasiadamente em fontes limitadas ou desconsiderar segmentos pouco representados pode resultar em modelos que apresentam visões distorcidas ou parciais.

- **Prevenindo Exploração:** Os dados requisitados frequentemente incluem contribuições humanas, como transcrições, traduções, entre outros. É fundamental assegurar a ética no tratamento e justa remuneração desses participantes.

- **Honrando a Propriedade Intelectual:** Empregar dados sob direitos autorais sem autorização configura mais que uma infração legal — constitui furto. A utilização ou partilha não consentida desses dados mina o trabalho dos autores originais e prejudica a confiabilidade dos modelos treinados com eles. Obtenção ética significa reconhecer e obter direitos sobre dados ou garantir que estejam em domínio público antes da integração. Isso salvaguarda tanto a credibilidade do modelo quanto os direitos dos criadores de dados.

Exemplos de Comportamento Não Ético na Obtenção e Preparação de Dados

A recente revelação sobre a obtenção antiética de dados para modelos de IA generativa destaca uma preocupação urgente na indústria de tecnologia. Um relatório[20] de Alex Reisner expôs que grandes gigantes da tecnologia, incluindo a Meta, usaram livros protegidos por direitos autorais para treinar os seus modelos de linguagem, violando direitos de propriedade intelectual. Autores notáveis como Stephen King, Zadie Smith e Michael Pollan foram vítimas dessa colheita de dados não autorizada.

Tais práticas não apenas mancham a reputação das empresas orientadas por IA, mas também destacam a falta de transparência no desenvolvimento desses sistemas avançados.

À medida que as empresas buscam avanços em IA, garantir a obtenção ética de dados e respeitar as leis de direitos autorais deve permanecer primordial. Este incidente serve como um lembrete contundente das linhas borradas entre progresso tecnológico e responsabilidade moral, enfatizando a necessidade de medidas regulatórias rigorosas e autorregulação do setor.

Além disso, empresas como a OpenAI foram criticadas pelas suas supostas práticas antiéticas, como a recente revelação[55] de que pagava a trabalhadores quenianos a míseros US\$2 por hora para filtrar conteúdo traumático do ChatGPT.

Esses trabalhadores, que desempenham um papel fundamental no refinamento da IA, estão sujeitos a imenso estresse psicológico ao separar material perturbador, muitas vezes gráfico e profundamente angustiante. No entanto, a sua remuneração dificilmente reflete a gravidade da sua contribuição ou o preço que ela cobra deles.

Isso é emblemático de uma tendência mais ampla na indústria de tecnologia, onde trabalhadores de baixa renda do Sul Global suportam o grosso do trabalho braçal, muitas vezes em condições horríveis, enquanto as empresas colhem as recompensas. Levanta questões fundamentais sobre a ética da inovação: Como garantimos que o progresso não se dê à custa da dignidade humana?

A justaposição da tecnologia de IA de ponta e a exploração de trabalhadores vulneráveis serve como um lembrete contundente das complexidades morais inerentes ao desenvolvimento de IA.

Princípios Fundamentais na Obtenção Ética de Dados

Consentimento: os dados só devem ser usados se o consentimento explícito tiver sido fornecido, especialmente para informações de identificação pessoal e materiais protegidos por direitos autorais. Isso vai além do mero acordo—indivíduos, criadores e/ou organizações devem entender para que os seus dados serão usados e as implicações de seu uso.

- **Transparência**: as entidades devem ser claras sobre de onde obtêm os seus dados, como são processados e os objetivos por trás da sua coleta.

- **Remuneração Justa**: se a coleta de dados envolver trabalho humano, os participantes devem ser compensados de forma justa pelos seus esforços.

- **Auditoria e Responsabilização:** auditorias regulares devem garantir que os dados sejam obtidos e processados de forma ética. Se ocorrerem lapsos, as organizações devem ser responsabilizadas.

- **Inclusividade:** as estratégias de obtenção de dados devem buscar a inclusividade, capturando uma ampla gama de experiências, idiomas, culturas e origens.

- **Privacidade de Dados:** medidas robustas devem proteger os dados. Isso inclui armazenamento seguro, acesso controlado e aderência às regulamentações globais de proteção de dados.

Implementando Práticas Éticas de Dados

- **Iniciativas de Código Aberto:** Ao tornar as fontes de dados públicas (garantindo a privacidade), as organizações podem promover a transparência e permitir auditorias externas dos seus dados.

- **Engajamento Comunitário:** Envolver as comunidades pode esclarecer vieses, lacunas ou preocupações éticas nos dados.

- **Estruturas Colaborativas:** Trabalhar com organizações externas, sem fins lucrativos ou academia pode ajudar a projetar estruturas éticas de obtenção de dados.

- **Laços de Feedback:** Estabelecer mecanismos para coletar feedback sobre práticas de obtenção de dados garante o refinamento e alinhamento contínuos com padrões éticos.

- **Formação:** As organizações devem investir no treino das suas equipes sobre a importância das práticas éticas de dados, garantindo uma abordagem unificada para coleta e processamento de dados.

Para que os grandes modelos de linguagem sejam verdadeiramente éticos na sua implantação, a jornada começa com a obtenção ética de dados. Esta etapa fundamental garante que a pedra fundamental dos LLMs seja sólida, pavimentando o caminho para implantação e utilização éticas. À medida que a tecnologia avança, a ética em torno dos dados se tornará ainda mais crucial, e o investimento precoce nesses princípios pode preparar o terreno para uma inovação responsável.

14

AVALIAÇÃO E SELEÇÃO DE LLMS

Neste capítulo, faço uma revisão dos benchmarks comuns de LLM, discuto as suas limitações e forneço recomendações para práticas responsáveis. Introduzo também métricas específicas de LLMs e ferramentas como fichas de modelos e folhas de dados de conjuntos de dados que complementam os benchmarks para permitir uma seleção e avaliação prudente de modelos.

Introdução a Benchmarks

Os benchmarks estabelecem métodos padronizados para mensurar as competências de inteligência artificial por intermédio de testes e métricas consensuais. No domínio dos LLMs, eles possibilitam a comparação clara de distintos modelos em tarefas essenciais de processamento linguístico.

O desempenho em benchmarks fornece indicações acerca da aplicabilidade prática em funções como busca, interação por meio de assistentes virtuais e entendimento de textos.

Contudo, um foco exagerado exclusivamente em benchmarks pode levar a uma otimização restrita que não assegura eficiência e integridade ética além de contextos específicos. É crucial interpretarmos os benchmarks dentro de uma abordagem de avaliação holística que vise à maximização dos benefícios sociais em larga escala.

Visão geral dos Benchmarks Comuns e Populares

Vamos analisar alguns dos benchmarks mais amplamente utilizados para avaliar LLMs:

GLUE

A Avaliação Geral de Compreensão de Linguagem (GLUE)[72] contém nove tarefas diferentes para avaliar as capacidades linguísticas fundamentais. Por exemplo, uma tarefa-chave é o reconhecimento textual. Isto envolve avaliar se uma frase implica logicamente outra frase.

Vamos analisar isto em mais detalhe:

O modelo recebe duas frases: uma premissa e uma hipótese. A premissa poderia ser algo como "A mulher passeou o cão pelo parque". A hipótese poderia então ser: "Uma pessoa estava movendo um canino com coleira numa área de jardim público".

O modelo deve determinar se a hipótese segue ou contradiz a premissa. Neste exemplo, a hipótese está claramente descrevendo o mesmo cenário que a premissa, apenas usando palavras ligeiramente diferentes. Portanto, o modelo deve reconhecer que as frases são implicadas—a segunda segue logicamente da primeira com base no seu significado.

Isto requer a compreensão das relações semânticas entre frases e a capacidade de raciocínio lógico. Melhorias de desempenho no reconhecimento textual especificamente, e GLUE geralmente, fornecem sinais sobre o progresso nas capacidades fundamentais de inteligência linguística que servem de blocos de construção para aplicações do mundo real.

No entanto, embora o GLUE meça competências discretas, não captura como estas competências se combinam em situações complexas e equilibradas. Os líderes empresariais devem ter cuidado em não generalizar excessivamente o desempenho estreitamente optimizado do GLUE para a eficácia aplicada. Ainda assim, como benchmark de investigação, o GLUE fornece uma padronização valiosa para a avaliação de capacidades.

SuperGLUE

Com base no GLUE, o SuperGLUE[73] fornece um conjunto ainda mais desafiador de dez tarefas de compreensão da linguagem. Por exemplo, um teste-chave é a resolução de correferência de pronomes. Isto envolve identificar quando diferentes frases se referem à mesma entidade.

Considere a seguinte passagem: "A Maria passeou o cão. Ela apreciou o ar fresco". Aqui, o modelo deve determinar que "Ela" se refere à Maria, não ao cão. Isto requer o rastreio das identidades das entidades através do fluxo de texto.

Outras tarefas SuperGLUE testam capacidades como compreender perguntas que exigem raciocínio em múltiplas inferências. Por exemplo, determinar se uma declaração contradiz ou segue logicamente de uma série de declarações anteriores.

Ao escalar a dificuldade em comparação com o GLUE, o SuperGLUE tem como objetivo levar os modelos mais próximo da inteligência linguística humana em áreas como lógica, raciocínio de senso comum e resolução de coreferência. No entanto, não podemos extrapolar diretamente o desempenho do SuperGLUE para situações sociais práticas complexas.

BIG-bench

À medida que os modelos de linguagem aumentam em escala e complexidade, observam-se melhorias quantitativas e qualitativas. No entanto, há uma falta de compreensão das capacidades atuais e de curto prazo desses modelos. Para abordar isso, o benchmark Beyond the Imitation Game (BIG-bench)[71] foi introduzido.

O BIG-bench é composto por 204 tarefas específicas de uma ampla gama de áreas, incluindo linguística, matemática, biologia, engenharia de software, entre outras. Este benchmark mais abrangente e exigente visa discernir se o desempenho dos modelos pode igualar-se ao de especialistas humanos. As tarefas destinam-se a ser desafiadoras, acreditando-se estar além das capacidades atuais dos modelos de linguagem. Especialistas humanos também realizaram todas as tarefas, servindo de linha de base para comparação. Os resultados mostraram que o desempenho do modelo melhorou com a escala, mas ainda estava aquém em comparação com o desempenho humano.

As tarefas abrangem categorias incluindo:

- Aritmética: Testes como adição, divisão e comparação de valores numéricos.

- Senso comum: Determinar a relevância de palavras ou selecionar respostas de diálogo sensatas.

- Criatividade: Continuar excertos de livros.

- Pensamento crítico: Identificar falácias lógicas ou táticas de debate.

- Empatia e emoção: Avaliar o impacto emocional de eventos ou demonstrar habilidades sociais.

- Conhecimento geral: Responder a perguntas triviais ou quebra-cabeças de senso comum.

- Memória: Lembrar fatos de histórias fornecidas.

- Raciocínio espacial: Manipular formas 2D e 3D com base em instruções.

A variedade de tarefas no BIG-bench tem o propósito de avaliar uma noção mais expandida de inteligência em comparação com benchmarks especializados em áreas singulares, como processamento de linguagem ou visão computacional.

No entanto, combinar pontuações em tarefas radicalmente diferentes é inerentemente desafiador. Como pontuações de quebra-cabeças matemáticos devem ser ponderadas em relação a concursos de criatividade? Os pesquisadores continuam trabalhando para refinar os métodos de avaliação e análise para tais benchmarks expansivos.

MMLU

A Compreensão Maciça de Linguagem Multitarefa (MMLU)[70] avalia a precisão multitarefa de um modelo. Inclui 57 tarefas abrangendo matemática elementar, história dos EUA, ciência da computação, direito e mais. O objetivo é testar a profundidade do conhecimento e as habilidades de resolução de problemas do modelo.

Multi-task Language Understanding on MMLU

Leaderboard MMLU Agosto 2023

Embora os modelos modernos tenham alcançado feitos impressionantes, a sua compreensão geral da linguagem permanece abaixo das capacidades humanas. Benchmarks como GLUE e SuperGLUE foram ultrapassados, mas estes avaliam principalmente habilidades linguísticas em vez de uma compreensão abrangente da linguagem.

Dado o extenso treino de modelos transformadores, como o GPT-3, há uma necessidade de benchmarks que realmente desafiem a amplitude do seu conhecimento. Daí, os autores introduzirem um novo benchmark com 57 disciplinas, variando nos níveis de dificuldade.

Este benchmark é estruturado para simular a avaliação humana, empregando testes de zero-shot e few-shot que abarcam campos que vão das humanidades às ciências. Ele mede o conhecimento factual do modelo e sua habilidade de solucionar problemas.

HELM

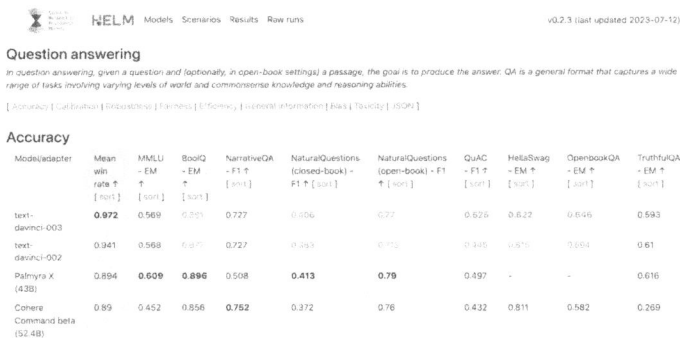

Model/adapter	Mean win rate ↑ [sort]	MMLU - EM ↑ [sort]	BoolQ - EM ↑ [sort]	NarrativeQA - F1 ↑ [sort]	NaturalQuestions (closed-book) - F1 ↑ [sort]	NaturalQuestions (open-book) - F1 ↑ [sort]	QuAC - F1 ↑ [sort]	HellaSwag - EM ↑ [sort]	OpenbookQA - EM ↑ [sort]	TruthfulQA - EM ↑ [sort]
text-davinci-003	0.972	0.569	0.265	0.727	0.406	0.77	0.626	0.622	0.646	0.593
text-davinci-002	0.941	0.568	0.877	0.727	0.383	0.772	0.445	0.815	0.564	0.61
Palmyra X (43B)	0.894	0.609	0.896	0.508	0.413	0.79	0.497	-	-	0.616
Cohere Command beta (52.4B)	0.89	0.452	0.856	0.752	0.372	0.76	0.432	0.811	0.582	0.269

HELM Q&A Leaderboard August 2023

O HELM[69], desenvolvido pelo Centro de Modelos Base da Universidade de Stanford e pelo Instituto para Inteligência Artificial Centrada no Ser Humano de Stanford, tem como objetivo fornecer uma estrutura abrangente para avaliar modelos de linguagem.

Os benchmarks tradicionais, como o SuperGLUE e o BIG-Bench, costumam focar em conjuntos de dados específicos e em uma métrica primária, que é frequentemente a precisão.

O HELM, em contraste, começa por declarar o que pretende avaliar, trabalhando através da estrutura de cenários e métricas. Esta abordagem realça o que está incluído e o que falta (por exemplo, avaliação em idiomas além do inglês).

O seu objetivo é construir transparência, avaliando os modelos de linguagem como um todo. Em vez de se concentrar estreitamente num aspecto específico, uma visão holística dá uma imagem mais completa dos pontos fortes e fracos de um modelo de linguagem. Esta perspectiva mais ampla melhora tanto a compreensão científica como o potencial impacto social da tecnologia.

O HELM opera em dois níveis:

1. Uma taxonomia abstrata de cenários e métricas, que delineia todo o espaço de design para a avaliação de modelos de linguagem.

2. Um conjunto concreto de cenários e métricas escolhidos que são priorizados com base na cobertura, valor e viabilidade.

Como podemos ver, os benchmarks visam medir as capacidades de forma sistemática, como a compreensão da linguagem, o raciocínio, o conhecimento do senso comum, a aritmética, a sumarização, a tradução e muito mais. Alto desempenho sinaliza proficiência nas habilidades testadas.

Contudo, os benchmarks não podem assegurar eficácia no mundo real, já que os modelos frequentemente apresentam imprevisibilidade e fragilidade quando aplicados além dos limitados conjuntos de testes. Pontuações elevadas são indicativos, mas não oferecem conclusões definitivas.

Limitações e Críticas aos Benchmarks

Enquanto os benchmarks impulsionam o progresso ao incentivar a concentração em tarefas-chave, a ênfase excessiva na otimização de benchmarks corre o risco de perder de vista os objetivos finais da IA—melhorar vidas e sociedade.

Os benchmarks medem apenas capacidades isoladas, mas não como estas se combinam e interagem em situações reais complexas. Não podemos equiparar proxies simplificados com sistemas aplicáveis na prática que impactam a humanidade. O lançamento prematuro de sistemas afinados de forma restrita para benchmarks pode causar consequências prejudiciais não intencionais se os modelos não forem robustos e alinhados com os valores humanos.

Muitos argumentam que as métricas de progresso devem incentivar diretamente os bens sociais em vez de benchmarks definidos de forma restrita. Por exemplo, optimizar para preferências humanas em qualidade de assistência poderia medir melhor o valor do que pontuações isoladas. Modelos que demonstram alta competência em benchmarks podem ainda assim carecer de senso comum ou inadvertidamente incorporar vieses.

No artigo *Sobre os Perigos dos Papagaios Estocásticos: Os Modelos de Linguagem Podem Ser Grandes Demais?*[21], os autores Dra. Emily M. Bender, Dra. Timnit Gebru e colegas argumentam que as tabelas de liderança de benchmarks que impulsionam o sensacionalismo e o lucro são distrações para melhorar a ciência e agir eticamente. É urgente que as métricas de progresso sejam expandidas para capturar nuances sócio-técnicas vitais para o benefício humano, em vez de meramente manipularem estatísticas.

Práticas de Referência Baseadas em Princípios

Tendo em mente essas limitações, como os líderes empresariais devem aproveitar responsavelmente os benchmarks ao avaliar ou desenvolver LLMs?

- Interpretar benchmarks como sinais informativos das capacidades do modelo, não conclusões definitivas generalizando a eficácia aplicada. Pontuações altas fornecem pistas, mas testes completos no mundo real importam mais.

- Avaliar continuamente vieses e impactos sociais completamente separados do desempenho do benchmark. Leaderboards não captam nuances éticas. Auditorias responsáveis devem ocorrer paralelamente a benchmarks.

- Manter cartões de modelo atualizados descrevendo casos de uso apropriados e limitações com base em testes mais holísticos além dos benchmarks isoladamente. Documentar capacidades impede a generalização de modelos optimizados de forma estreita.

- Criar folhas de dados documentando conjuntos de dados de treino em detalhe. Isso permite auditorias de conjuntos de dados e orienta o uso ético.

- Incorporar extensa resposta humana sobre consistência, precisão factual, utilidade e outros atributos que excedem o que benchmarks restritos avaliam. Utilizadores reais revelam armadilhas que benchmarks perdem.

Em resumo, os benchmarks devem ajudar, não substituir a avaliação multifacetada centrada no ser humano focada em beneficiar populações diversas. Devemos ver por trás do placar, defendendo a sabedoria sobre as métricas. Ferramentas como cartões de modelo e folhas de dados apoiam práticas responsáveis de benchmark. Mas a governança abrangente requer colaboração em todos os níveis da sociedade.

Métricas de Avaliação para LLMs Generativos

A avaliação do desempenho de LLMs é crucial não só para avaliar a sua eficácia, mas também para garantir que eles atendam às exigências de aplicações do mundo real. Pontuações gerais de benchmark fornecem uma compreensão fundamental, mas aprofundando, encontramos várias métricas nuançadas que sombreiam os detalhes do desempenho LLM.

BLEU (Bilingual Evaluation Understudy) mede quão semelhante uma tradução gerada por IA é em relação a uma tradução de referência humana. Ele conta palavras e frases correspondentes. Isso ajuda a avaliar se uma tradução de IA captura o mesmo significado que o original. Para um negócio que usa IA para tradução automatizada, pontuações BLEU mais altas significam melhor qualidade de tradução.

Para tarefas como sumarização automática, temos **ROUGE (Recall-Oriented Understudy for Gisting Evaluation)**. Compara resumos gerados por máquina com resumos humanos. Procura por palavras de conteúdo e frases que se sobrepõem. Para empresas que automatizam a sumarização de textos, pontuações ROUGE mais altas indicam resumos que capturam melhor as informações-chave.

A **Perplexidade** mede a incerteza na distribuição de probabilidade de palavras prevista por um modelo de linguagem. Como discutido anteriormente, ao prever a próxima palavra numa sequência, o modelo atribui probabilidades a todas as palavras possíveis. Probabilidade mais alta na próxima palavra real iguala perplexidade mais baixa. Portanto, essencialmente, perplexidade mais baixa significa que o modelo de linguagem tem mais confiança nas suas previsões, levando a texto gerado mais fluente.

No entanto, essas métricas têm limitações. BLEU e ROUGE focam em sobreposição, não significado. Baixa perplexidade indica fluência, mas não precisão. As métricas fornecem sinais úteis de qualidade, mas podem não se alinhar totalmente com o julgamento humano.

As empresas devem considerar tanto as métricas automáticas quanto a avaliação humana ao avaliar a geração de texto por IA. Aqui, indivíduos reais avaliam a qualidade, coerência e precisão do conteúdo gerado. Um grupo de avaliadores pode receber um resumo de um filme e pedir para classificar a fidelidade à essência do filme. Embora valiosa, as avaliações humanas podem variar com base em vieses individuais e geralmente são mais intensivas em recursos do que as suas contrapartes automatizadas.

No mundo da avaliação LLM, confiar exclusivamente numa métrica pode ser enganoso. Por exemplo, um texto que pontua alto no BLEU pode perder nuances que um avaliador humano notaria. É primordial mesclar insights de métricas automatizadas e feedback humano. Esta abordagem combinada não só oferece uma visão abrangente do desempenho do modelo, mas também garante que os modelos sejam ajustados às demandas do mundo real.

Aprofundamento em Ferramentas para Aprimorar a Transparência e Responsabilidade

Cartões de Modelo

Para melhorar a transparência e a responsabilidade nos sistemas de IA, a Dra. Margaret "Meg" Mitchell e os seus colegas apresentaram o conceito de cartões de modelo[40]—forma de documentação que acompanha modelos treinados para resumir detalhes essenciais para as partes interessadas.

O conceito, que surgiu do trabalho colaborativo de Mitchell, enfatiza a necessidade de comunicação explícita sobre as capacidades testadas de um modelo, os seus casos de uso apropriados e inapropriados, potenciais vieses e outros elementos que influenciam as suas implicações no mundo real. Os cartões de modelo visam preencher essa lacuna de informação.

Um cartão de modelo típico compreende:

- **Detalhes do modelo:** Incluem arquitetura de alto nível, os dados usados para treino e seleções de hiperparâmetros. Esta seção é fundamental para tecnólogos que visam reutilizar ou replicar o modelo.

- **Uso pretendido:** Aqui, as tarefas e casos de uso para os quais o modelo é considerado adequado ou inadequado com base em testes rigorosos são delineados. Este componente ajuda a evitar aplicações não intencionais ou inadequadas.

- **Métricas:** Esta seção aprofunda o desempenho do modelo em benchmarks, avaliando-o não apenas quanto à eficiência, mas também quanto a vieses, justiça e segurança.

- **Avaliação:** Este componente descreve as metodologias de teste aplicadas ao modelo e destaca quaisquer conclusões, especialmente limitações, obtidas a partir de tais avaliações.

- **Considerações éticas:** Uma seção vital, que elucida os riscos potenciais de uso indevido e as medidas adotadas para neutralizar tais danos, deslocando o foco das métricas de desempenho apenas para a aplicação ética.

- **Ressalvas e recomendações:** Aqui, o documento expressará preocupações específicas sobre as limitações do modelo, especialmente aquelas que podem levar a consequências negativas não intencionais se ignoradas.

Mitchell e os seus colaboradores instaram a comunidade de IA a considerar cartões de modelo como uma prática padrão de documentação, especialmente ao disponibilizar modelos com notável impacto social. Esses cartões oferecem insights sobre o uso prudente da IA, delineando os seus pontos fortes e limitações.

Para destacar a adoção no mundo real, empresas como a Microsoft integraram o formato de cartão de modelo nos seus lançamentos de produtos de IA, incluindo ferramentas como serviços cognitivos do Azure e algoritmos do PowerBI

Marketplace. Esses cartões oferecem detalhes aprofundados sobre a origem dos dados, medidas para uso seguro e restrições de desempenho conhecidas, promovendo assim a aplicação responsável.

O Instituto Nacional de Padrões e Tecnologia (NIST) dos EUA também discutiu o potencial valor dos cartões de modelo como parte de seu discurso ético de IA mais amplo, enfatizando seu papel na tradução de princípios éticos de alto nível em práticas tangíveis de desenvolvimento e implantação.

Com a rápida evolução e amplo alcance dos grandes modelos de linguagem, os cartões de modelo desempenham um papel fundamental em garantir a aplicação ética. Eles lançam luz sobre as complexidades dos sistemas subjacentes, transitando-os de "caixas pretas" opacas para entidades transparentes, possibilitando decisões informadas por utilizadores e formuladores de políticas.

No entanto, a eficácia dos cartões de modelo depende do compromisso mais amplo da comunidade de IA com padrões de divulgação verdadeiros. Dado que modelos e dados de IA frequentemente estão sob domínios proprietários, equilibrar transparência e confidencialidade comercial continua sendo um desafio contínuo.

Em conclusão, embora os cartões de modelo representem um passo adiante na incorporação de explicabilidade e responsabilidade aos sistemas de IA, eles são apenas uma faceta de um tecido de governança mais amplo. A supervisão abrangente em IA exige esforços concertados nos níveis organizacional, industrial, governamental e societário em escala global.

Folhas de Dados para Conjuntos de Dados

As folhas de dados para conjuntos de dados[41], inspiradas em folhas de dados tradicionais para componentes eletrônicos, foram introduzidas como um método para documentar as complexidades dos conjuntos de dados. A ideia é semelhante a como os cartões de modelo oferecem uma visão abrangente dos modelos de aprendizado de máquina. Ao detalhar as propriedades do conjunto de dados, as folhas de dados permitem uma compreensão mais profunda dos dados que alimentam esses modelos.

A proposta de folhas de dados para conjuntos de dados foi defendida pela Dra. Timnit Gebru e os seus coautores num artigo intitulado Datasheets for Datasets. A motivação deles era promover transparência, responsabilidade e melhor compreensão dos conjuntos de dados, particularmente quando são usados no contexto de desenvolver IA e modelos de aprendizado de máquina.

Vamos analisar os componentes das folhas de dados:

- Composição: Fornece insights sobre o que o conjunto de dados abrange. Cobre demografia, tamanhos de amostra e a distribuição de vários atributos. Conhecer a composição é essencial para entender se um conjunto de dados é representativo ou se abriga vieses.

- Coleta: Concentra-se em como os dados foram reunidos. Detalha as fontes das quais os dados foram obtidos, os procedimentos seguidos para coletá-los e se o consentimento foi solicitado e obtido, especialmente em cenários onde dados pessoais estão envolvidos.

- Pré-processamento: Qualquer conjunto de dados usado em IA e aprendizado de máquina geralmente passa por pré-processamento para torná-lo adequado para treinar modelos. Esta seção explica métodos usados para filtrar ruído, limpar os dados, rotular instâncias e possivelmente mesclar com outros conjuntos de dados.

- Análise: Esta seção é particularmente crítica, pois revela vieses que podem ser inerentes ao conjunto de dados, resultados de auditorias e estatísticas relacionadas a erros. Os vieses de um conjunto de dados podem impactar enormemente a saída de modelos treinados nele, daí a ênfase neste aspecto.

- Distribuição: As folhas de dados também destacam como o conjunto de dados é distribuído, incluindo detalhes de licenciamento, práticas de versionamento e quaisquer restrições de acesso. Isso informa aos utilizadores sobre como podem acessar e usar os dados, garantindo que o façam legal e eticamente.

Os benefícios de possuir folhas de dados detalhadas são notáveis. Isso proporciona transparência e permite auditorias externas de seus dados, ressaltando quaisquer limitações intrínsecas a eles. Essa transparência pode orientar os desenvolvedores a usar os dados de forma responsável e ética.

No entanto, a adoção generalizada desta prática atualmente é limitada. Existem tensões inerentes entre o impulso pela transparência e a natureza proprietária de muitos conjuntos de dados, especialmente em ambientes corporativos ou de pesquisa competitivos. É desafiador equilibrar os interesses comerciais, as considerações de propriedade intelectual e o imperativo ético pela transparência.

No contexto de LLMs que exigem enormes quantidades de dados, o papel das folhas de dados se torna ainda mais significativo. À medida que os LLMs influenciam vários aspectos da sociedade, entender e documentar os dados com que são treinados se torna uma necessidade ética e prática.

Para que a comunidade de inteligência artificial desfrute de todo o potencial das folhas de dados para conjuntos de dados, é necessário um movimento coletivo. Isto implica em incentivar a sua adoção como uma prática recomendada, fomentar um ambiente onde a transparência seja valorizada e reconhecer que os benefícios sociais a longo prazo geralmente superam os ganhos competitivos imediatos.

Direções Futuras

Olhando adiante, o campo requer novas maneiras de medir e avaliar impactos sociais frequentemente marginalizados pelos atuais placares de benchmark. Estes incluem:

- Segurança: Testando potenciais danos nas dimensões emocional, física e ética. A segurança excede em muito evitar texto explicitamente tóxico.

- Justiça: Auditando rigorosamente vieses e problemas de representação entre subgrupos. As métricas de diversidade devem entrar nos benchmarks.

- Impacto social: Analisando efeitos sobre pessoas e comunidades. Isto contrasta com as tarefas proxy atuais desconectadas da relevância do mundo real.

- Valores humanos: Quantificando preferências humanas elusivas, mas essenciais, por características como prestatividade, honestidade, inclusão e nuance.

A expansão de benchmarks para capturar formalmente valores humanos poderia direcionar o foco do campo para modelos que beneficiem toda a humanidade.

Além disso, promover transparência, reprodutibilidade e precisão no benchmark é fundamental. A abertura ao escrutínio e revisão por pares evita adulterar benchmarks por meio de exploração ou atalhos. Comparação justa exige imparcialidade.

Por fim, a avaliação definitiva das habilidades dos LLMs vem não dos placares, mas da eficácia da implantação quando integrada com ponderação em situações reais que afetam a humanidade. Os benchmarks fornecem sinais, a implantação revela verdades.

15

ENGENHARIA DE PROMPTS PARA LLMS

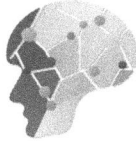

Conforme discutido em capítulos anteriores, os grandes modelos de linguagem demonstraram a capacidade de executar uma variedade notável de tarefas de linguagem natural simplesmente fornecendo prompts apropriados. No entanto, as suas capacidades são fortemente influenciadas pela forma como os humanos estruturam esses prompts para induzir comportamentos desejados em modelos que não possuem senso comum ou conhecimento estruturado.

Neste capítulo, fornecerei uma visão geral das técnicas de engenharia de prompts e melhores práticas. Explorarei métodos para otimizar prompts a fim de extrair habilidades úteis de LLMs, mitigando simultaneamente os riscos. Vamos começar introduzindo o que são prompts.

O que é um Prompt?

Um prompt (comando) é o texto de entrada que fornecemos a um LLM para pedir que gere uma saída desejada. Os prompts servem a vários propósitos principais:

- **Eliciar capacidades:** Um prompt bem elaborado desencadeia o LLM para exibir habilidades como sumarização, tradução, questionamento e resposta e muito mais com base nos seus fundamentos.

- **Formação:** Os prompts podem fornecer exemplos que ensinam novos recursos de LLMs ou refinam capacidades existentes por meio de uma técnica chamada aprendizado em contexto.

- **Restrição:** Os prompts focam os LLMs em respostas úteis ao enquadrar instruções, exemplos e janelas de contexto. Isso evita geração irrestrita.

Engenharia de Prompts

Raramente o primeiro prompt que fornecemos produz resultados perfeitos. Mais frequentemente, os prompts iniciais falham porque as instruções carecem de clareza suficiente, o formato da saída é ambíguo ou o contexto limita a compreensão do LLM. A engenharia de prompts é um processo iterativo de refinamento incremental por meio da avaliação de resultados e identificação de falhas.

A engenharia de prompts é fundamental para extrair com segurança habilidades e capacidades úteis de grandes modelos de linguagem. Prompts cuidadosamente elaborados permitem-nos direcionar esses poderosos modelos para fins benéficos, mitigando simultaneamente os riscos de geração descontrolada.

Vamos percorrer o refinamento de um prompt defeituoso para atingir um objetivo de extrair datas importantes do histórico de um produto:

Prompt inicial:

"Extraia datas importantes deste histórico de produto: [texto]"

As instruções vagas podem gerar uma saída incoerente misturando datas aleatórias e frases irrelevantes.

Depois de avaliar o resultado ruim, poderíamos refinar o prompt:

"Extraia apenas datas relevantes para a linha do tempo do produto do histórico abaixo. Formate-as como uma lista com marcadores."

Isso gera apenas datas, mas pode incluir irrelevantes. Refinando ainda mais as instruções e fornecendo exemplos pode melhorar os resultados:

"Identifique as datas cruciais na linha do tempo do produto apresentado a seguir, tais como a data de patente ou outros marcos significativos. Desconsidere datas que não têm relação direta, como os aniversários dos fundadores. Apresente as datas em formato de lista com marcadores."

Exemplos:

• 1922: Produto patenteado por João Silva

• 1957: Empresa fundada

Histórico: [texto]"

Este refinamento passo a passo ilustra o processo iterativo essencial para a engenharia de prompts. Apesar de inicialmente frustrante, a observação de resultados insatisfatórios contribui para aprimorar os prompts. A cada ciclo, os prompts tornam-se cada vez mais eficazes por meio de instruções claras, exemplos formatados e contexto conciso.

Enquadramento de Conclusões

Ao contrário de bots rigidamente programados com regras codificadas, os LLMs são otimizados para modelagem condicional de linguagem—antecipar as continuações textuais mais prováveis com base em um contexto. Os prompts devem, portanto, enquadrar solicitações como conclusões naturais de passagens, em vez de perguntas abruptas fora de contexto.

Por exemplo, pedir a um modelo que resuma eventos importantes poderia começar:

"[Aqui está um resumo dos principais eventos:]"

Em vez de afirmar diretamente:

"Resuma os principais eventos."

Isso incentiva os modelos a completar a passagem de forma fluida, resultando em resumos superiores. Prompts que estabelecem continuidade perfeita destravam respostas mais naturais.

Clareza nas Instruções

Instruções vagas ou ambíguas frequentemente atrapalham prompts. LLMs interpretam instruções literalmente. Prompts claros e detalhados são essenciais para resultados robustos.

Táticas comuns para melhorar a clareza incluem:

- Declarações de tarefas inequívocas (por exemplo, "resumir em 10 palavras" e não "tornar isso conciso")
- Etapas granulares encenando tarefas complexas
- Formatação de saída (por exemplo, pontos, tabelas)
- Delimitadores destacando contexto (por exemplo, [texto], <texto>)

Vamos examinar como prompts imprecisos prejudicam os resultados.

Prompt vago:

"Analise este texto e extraia informações úteis: [texto]"

O modelo pode gerar esporadicamente palavras desconectadas vagamente relacionadas ao texto, em vez de extrair pontos coerentes.

Instruções mais claras produzem uma análise melhorada:

"Extraia 5 insights importantes do texto abaixo em forma de pontos: [texto]"

O enquadramento explícito da tarefa concentra o modelo, resultando em pontos de resumo salientes.

Embora demande paciência, os ganhos de produtividade na engenharia de prompts superam o tempo de refinamento de prompts. Prompts bem construídos são pré-requisitos inerentes para LLMs capazes.

Fornecendo Exemplos com Aprendizado em Contexto

Fornecer exemplos da tarefa desejada diretamente dentro dos prompts melhora significativamente o desempenho do LLM, especialmente para modelos menores. Esta técnica é chamada de aprendizado em contexto.

Para tarefas complexas ou ambíguas, os LLMs se beneficiam imensamente de ver demonstrações de comportamento ideal. Essencialmente, ensinamos modelos fornecendo exemplos antes de pedirmos para completarem a tarefa real.

Existem algumas variedades de aprendizado em contexto:

- Zero-shot: Sem exemplos, confiar puramente na clareza das instruções.
- One-shot: Um único exemplo demonstrando a tarefa.
- Few-shot: Vários exemplos cobrindo casos diversos.

Digamos que queremos que um LLM resuma avaliações longas de clientes em pontos-chave. Um modelo menor pode ter dificuldades com o prompt zero-shot:

"Resuma esta revisão em 3 pontos: [revisão]"

A saída vaga não condensa a revisão em pontos concisos. No entanto, adicionar apenas um único exemplo one-shot melhora significativamente os resultados:

"Resuma esta revisão em 3 pontos:

Exemplo:

Sapatos confortáveis e de suporte

Tendem a ficar menor que o tamanho normal

Couro riscado facilmente

Revisão: [texto da revisão]"

Ao aprender com o exemplo fornecido, o LLM agora pode gerar resumos úteis de três pontos.

O aprendizado em contexto é condicionado pelo tamanho da janela de contexto do modelo. Modelos maiores acomodam mais exemplos. Mas como regra geral, concentre-se na clareza antes de expandir além de três a cinco exemplos. Muitos exemplos sobrecarregam modelos, degradando a coerência. Aproveite o aprendizado em contexto judiciosamente com instruções claras e exemplos formatados.

Simplificação de Tarefas Complexas

LLMs frequentemente encontram dificuldades com comandos complexos que demandam inferências extensas ou raciocínio em múltiplos passos. A simplificação dos objetivos desejados em subtarefas discretas e sequenciais conduz a resultados mais eficazes.

Considere um exemplo de objetivo empresarial de extrair informações de contato do cliente de e-mails para enriquecer os bancos de dados da empresa. Um único prompt exigindo esta extração completa apresenta ambiguidade excessiva para resultados coerentes.

A decomposição em sub-tarefas fornece andaimes:

Prompt 1: Identificar e-mails de clientes

Prompt 2: Extrair nomes de clientes dos e-mails

Prompt 3: Extrair informações de contato (telefone, endereço, etc)

Prompt 4: Formatar os dados de contato extraídos como tabela

Cada prompt foca o LLM em objetivos mais simples, progredindo gradualmente em direção ao objetivo final. Resultados intermediários também podem ser validados antes de tentar sub-tarefas posteriores dependentes de saídas anteriores.

Em contraste com o prompt de ponta a ponta, abordagens que estruturam fluxos de trabalho como sequências de prompts mais simples projetados para sub-tarefas específicas destravam o potencial dos LLMs para realizar metas multifacetadas de negócios.

Aprimorando a Qualidade da Solução

Sem a devida orientação, as respostas produzidas pelos LLMs manifestam uma qualidade variável que reflete a distribuição de seus dados de treinamento. No entanto, prompts podem solicitar soluções fortes estabelecendo altas expectativas. Instruções como: "Responda com uma resposta detalhada e ponderada adequada para especialistas." instruem modelos a aumentar a qualidade da saída.

Bajulação básica também parece eficaz: "Você é um professor erudito explicando este conceito para alunos."

Sem tal orientação, modelos podem padronizar respostas medíocres ou não comprometedoras. Prompts devem encorajar explicações sólidas adequadas para o caso de uso.

Inclusão de Conhecimento Externo

Os LLMs possuem um conhecimento restrito aos limites dos seus parâmetros internos. Prompts podem compensar codificando contexto relevante que os modelos não têm. Por exemplo, prependendo definições de termos-chave fundamenta respostas em entendimento compartilhado.

Prompts também podem instruir modelos a recuperar informações de recursos online confiáveis como parte de uma resposta natural. Exemplos incluem dizer "De acordo com a Wikipédia..." ou "Pesquisando as diretrizes oficiais..." antes de um detalhe resumido.

Codificar pesquisa externa humana em prompts compensa lacunas de conhecimento.

Reproduzindo a Cognição Humana

Alguns aspectos da psicologia humana são particularmente desafiadores para serem incorporados diretamente no comportamento dos LLMs.

Por exemplo, pedir ao modelo que "verifique novamente" as respostas simula um pouco a conscienciosidade.

- Editar respostas para coerência.
- Reconhecer erros em vez de ocultá-los.
- Justificar conclusões com raciocínio.

Essas técnicas tentam emular o pensamento humano racional e verdadeiro. Modelos derivam sem orientação explícita, exigindo prompts para estabelecer princípios de raciocínio sólido. Embora essas técnicas melhorem os resultados, é importante lembrar que LLMs são, na sua essência, máquinas de completar palavras, não motores de raciocínio.

Limitando as Saídas

Como discutido no Capítulo 5, referente aos casos de uso apropriados, os modelos gerativos beneficiam-se do estabelecimento de restrições na forma das saídas. LLMs podem ser direcionados a produzir tipos específicos de saídas definindo restrições. Isso ajuda a obter resultados focados e confiáveis.

- **Modelos com slots:** Envolve fornecer uma estrutura pré-definida com espaços reservados que o modelo preenche. Exemplo: Um modelo de quiz pode ter "A capital de [País] é [Capital]." O modelo preenche os espaços reservados.

- **Tipos de token permitidos:** Restrições sobre o tipo de tokens ou palavras que o modelo pode gerar. Exemplo: Para geração de código, um modelo pode usar apenas certas funções ou palavras-chave.

- **Validando contra esquemas:** Garantindo que a saída adira a um formato ou estrutura específica. Exemplo: Se gerando HTML, a saída deve ser verificada contra a sintaxe HTML adequada.

- **Ativações esparsas:** Isso faz o modelo produzir saídas concisas e objetivas. Exemplo: Limitar uma resposta a 50 palavras ou menos.

- **Modelagem de tópicos:** Garantindo que o conteúdo gerado permaneça dentro de um tópico especificado e não se desvie para áreas impróprias. Exemplo: Se o tópico for "astronomia", o modelo não deve discutir assuntos não relacionados como "política".

- **Similaridade semântica:** Verificando que a saída do modelo esteja intimamente alinhada com o tópico ou intenção do prompt. Exemplo: Para um prompt perguntando sobre "golfinhos", o modelo não deve produzir conteúdo sobre "desertos".

Atingir o equilíbrio certo entre liberdade do modelo e essas restrições é uma área de pesquisa em andamento para garantir saídas úteis e seguras.

Preservando o Contexto de Longo Prazo

Humanos em processos de raciocínio multi-etapas conservam o contexto de maneira eficiente ao longo do tempo. Para modelos, fornecer contexto suficiente com lembretes do objetivo e histórico em prompts evita deriva e contradições.

Repetir explicitamente fatos e ancorar modelos em contexto consistente melhora a coerência em longos diálogos. O gerenciamento adequado de contexto destrava fluxos de trabalho sequenciais mais suaves.

Conformidade com Preferências Humanas

Os comandos podem ser otimizados não só para precisão, mas também para qualidades como cordialidade, sutileza e consciência social, que podem estar pouco representadas nos dados de treinamento do modelo.

Instruções como: "Responda pensativa e sensivelmente, errando pelo lado da compaixão." ajudam a moldar preferências estilísticas.

Além disso, o prompting com exemplos positivos melhora as técnicas sobre criticar erros do modelo.

Sequenciamento de Comandos

O sequenciamento de uma série de comandos[43] que se complementam mutuamente oferece um contexto essencial e habilita o raciocínio em várias etapas.Prompts iniciais podem fornecer informações de fundo, enquanto prompts posteriores fazem perguntas que dependem do contexto. O encadeamento também permite diálogos abertos onde modelos rastreiam histórico e produzem respostas consistentes e coerentes ao longo do tempo. Este fluxo de trabalho mais natural aproveita melhor a memória e o conhecimento de grandes modelos.

Por exemplo:

Prompt 1: "O seguinte é o contexto sobre a tecnologia de painéis solares: [texto de contexto]"

Prompt 2: "Com base no contexto do painel solar, quais são algumas vantagens importantes dessa tecnologia?"

Prompt 3: "Quais são algumas limitações ou desvantagens atuais que precisam ser abordadas?"

Encadear prompts desta maneira permite que o modelo mantenha um contexto consistente em todo o fluxo de raciocínio. Isso é mais natural e aproveita a memória e o conhecimento do modelo.

Estruturação da Automação

Programar comandos sequenciais de forma rígida em uma ordem fixa reduz a flexibilidade. Estruturas de automação compõem prompts programaticamente, chamam modelos especialistas, processam resultados e condicionam prompts futuros com base em respostas passadas para permitir conversas dinâmicas. Esses sistemas também podem manter informações de perfil e pessoa de utilizadores entre sessões. Implementações abertas estão surgindo para permitir fluxos de trabalho mais suaves.

Componentes fundamentais incluem:

- Geradores de linguagem natural para construir prompts dinamicamente, reagindo a saídas anteriores.
- Rastreadores de estado mantendo contexto em interações.
- Analisadores de resultados para informar os próximos prompts.
- Roteadores de modelo despachando solicitações para modelos ideais.
- Bancos de dados de perfil de utilizador centralizando dados de personalização.

Juntos, esses módulos tornam o encadeamento automatizado de prompts robusto e responsivo.

Gerando Prompts

Alguns sistemas experimentais vão além, usando modelos para gerar os seus próprios prompts de acompanhamento numa corrente. Isso proporciona conversas e lógica com sensação mais natural, embora possa aumentar a imprevisibilidade. Mecanismos de controle como classificadores aprendidos prevendo a adequação do prompt permitem auto-solicitação semi-automatizada sem abrir mão totalmente da supervisão humana.

A capacidade de auto-prompt melhora o raciocínio reflexivo possibilitando ciclos virtuais de prompt e avaliação de respostas. No entanto, a estabilidade permanece um desafio, pois modelos carecem de fundamentação humana. Mecanismos de supervisão são prudentes para detectar erros antes que se acumulem.

Diversificação de Amostras

Amostras únicas oriundas de modelos generativos latentes podem apresentar falhas aleatórias, como contradições ou dados imprecisos. Comumente, processos humanos contornam isso gerando múltiplas opções e subsequente avaliação de sua consistência.

Da mesma maneira, modelos são capazes de prover cinco ou mais amostras diversificadas para cada prompt, viabilizando a seleção do resultado ótimo ou a implementação de uma votação consensual para a depuração de falhas.

Contudo, uma filtragem excessiva da diversidade pode diminuir a riqueza criativa das respostas. Até o momento, a supervisão humana detalhada e avaliativa se mostra a abordagem mais eficaz.

Métodos de diversidade[44] incluem:

1. Variar temperatura, top-k e top-p hiperparâmetros.

2. Penalizar similaridade com respostas anteriores.

3. Chamar múltiplos modelos treinados de maneira diferente. O equilíbrio ideal fornece candidatos suficientes para julgar consistência sem restringir excessivamente a criatividade.

4. Preparando com prefixos aleatorizados. O objetivo aqui é fornecer um contexto único para cada solicitação de geração, o que pode levar a respostas diferentes, mesmo para o mesmo prompt principal. Aqui está um exemplo simples:

Prompt sem preparo: "Conte-me uma história."

Resposta: "Era uma vez, num reino distante..."

Prefixo aleatório: "Foi um dia chuvoso."

Prompt com preparo: "Foi um dia chuvoso. Conte-me uma história. "

Resposta: "Foi um dia chuvoso. As ruas da cidade estavam encharcadas e um jovem detetive estava prestes a desvendar um mistério..."

Algoritmos de Busca em Árvore

Olhando adiante, uma direção empolgante é integrar modelos de linguagem aprendidos em algoritmos de busca em árvore mais estruturados. Pense em algoritmos de busca em árvore como um livro 'escolha a sua própria aventura'. Nesses livros, você lê um pouco, depois decide o que o personagem deve fazer em seguida. Dependendo da sua escolha, você vai para uma página diferente e continua a história.

Agora, imagine um escritor (nosso modelo de linguagem) ajudando você. À medida que você lê e faz escolhas, o escritor sugere o que poderia acontecer na próxima página ou até oferece caminhos completamente novos para a história.

Como funciona:

1. Sugerindo ideias: À medida que você explora a história, o escritor (modelo de linguagem) propõe o que poderia acontecer em seguida ou novas maneiras pelas quais a história poderia ir.

2. Verificando as ideias: Nem todas as sugestões são boas. Algumas podem não fazer sentido ou não se encaixar na história. Portanto, precisamos de uma maneira de verificar, uma espécie de editor da história.

3. Escolhendo o melhor caminho: Às vezes, o caminho sugerido pode não ser emocionante ou pode levar a um beco sem saída. Aqui, decidimos qual caminho explorar mais e quais abandonar.

4. Lembrando escolhas anteriores: É crucial lembrar onde a história esteve, garantindo que novas sugestões se encaixem com eventos anteriores.

5. Encontrando o equilíbrio: Como em qualquer boa aventura, há um equilíbrio entre seguir um caminho conhecido

(exploração) ou tentar um completamente novo (exploração).

Usar este método de busca em árvore ajuda o escritor (modelo de linguagem) a criar uma história mais coesa e emocionante, explorando muitas possibilidades e refinando-as. É uma maneira promissora de tornar o escritor mais inteligente, mas requer algum pensamento pesado (computação).

Técnicas análogas podem ampliar a gama de raciocínio dos LLMs, configurando a geração como uma exploração orientada por acúmulos validados de saber. A busca em árvore fornece um processo estruturado para encadear prompts dinamicamente. Em vez de seguir cegamente uma única corrente, a busca em árvore permite backtracking quando inconsistências são detectadas para explorar caminhos de raciocínio mais robustos.

Os elementos-chave de integrar LLMs com busca em árvore incluem:

- Usar LLMs para propor completions para prompts incompletos ou resultados.
- Avaliar propostas quanto a consistência, precisão, ética.
- Expandir os ramos mais promissores enquanto poda os inconsistentes.
- Manter o contexto geral em toda a árvore de busca.
- Equilibrar exploração vs. exploração.

A busca em árvore oferece potencial promissor para superar limitações de encadeamento e escalar o rigor do raciocínio.

No entanto, as despesas computacionais permanecem exigentes.

Pontuação de Confiança

Recentemente, modelos demonstraram a capacidade de autoavaliar pontuações de confiança[45] correlacionadas com a precisão. Prompts podem, assim, pedir aos modelos para pontuar a sua certeza antes e depois de gerar uma resposta.

Confiança muito baixa solicita esclarecimento ou confirmação dos utilizadores antes de finalizar a saída. Alta confiança pode justificar respostas abreviadas. A modelagem explícita de incerteza melhora a confiabilidade e fornece sinais úteis para sistemas do mundo real.

Por exemplo:

Prompt: "Qual é a sua confiança neste resumo numa escala de 1 a 10?"

Modelo: "Confiança: 7/10"

Prompt: "Por favor, resuma os pontos-chave da seguinte passagem: [Texto]"

Modelo: "Resumo: [Resumo gerado]"

Prompt: "Agora, qual é o seu nível de confiança na precisão desse resumo?"

Modelo: "Confiança: 8/10"

A pontuação explícita de confiança permite a confiança baseada em incerteza e esclarecimento quando as pontuações parecem inadequadas. Com calibragem adequada, as estimativas de confiança aprimoram a confiabilidade. No entanto, permanecem imperfeitas e não devem ser as únicas em que se baseiam.

Orientação sobre confiança adequada inclui:

1. Enfatizar que é uma estimativa que pode estar errada: As pontuações de confiança não são verdades absolutas. Representam a crença do próprio modelo na sua resposta. Tal como uma pessoa pode se sentir 80% confiante sobre um fato, mas ainda estar errada, a confiança do modelo é apenas uma estimativa. Pense numa previsão do tempo que prevê 70% de chance de chuva. Indica uma probabilidade, não uma garantia de que vai chover.

2. Enquadrar usando confiança, não verdade ou precisão: É crucial apresentar essas pontuações como medidas da confiança do modelo e não como uma declaração definitiva sobre quão "verdadeira" ou "precisa" a resposta é. Se um aluno diz: "Tenho 90% de confiança na minha resposta", não significa que a resposta dele é 90% precisa. Apenas reflete a crença pessoal dele na própria resposta.

3. Fornecer níveis de confiança numéricos, não qualificadores vagos: Usar números específicos (por exemplo, 7 de 10) é mais claro do que usar termos ambíguos como "provavelmente" ou "talvez". Dizer "Tenho 60% de certeza" é mais transparente do que dizer "Tenho certeza razoável".

4. Calibrar níveis a probabilidades empiricamente: É vital ajustar as pontuações de confiança do modelo com base no desempenho no mundo real. Se um modelo diz que tem 80% de confiança, mas acerta apenas 60% das vezes nesse nível de confiança, ajustes são necessários. Imagine uma

máquina de classificar frutas que tem 95% de confiança de que classificou maçãs corretamente, mas na verdade só alcança 85% de precisão nos testes. A confiança da máquina deve ser recalibrada para corresponder ao desempenho real.

5. Cautela com confiança proporcional, não confiança binária: Os utilizadores devem ajustar a sua confiança com base na pontuação de confiança do modelo, em vez de encará-la como um simples cenário de "confiar/não confiar". Se o modelo tem 60% de confiança, os utilizadores podem conferir a informação. Se tem 95% de confiança, podem estar mais inclinados a aceitar a resposta, mas ainda com alguma cautela. Considere um GPS com 70% de confiança de que uma rota é a mais rápida. Você pode considerar a rota, mas também conferir com outras fontes ou seu próprio conhecimento antes de decidir.

À medida que a quantificação da incerteza se aprimora, os prompts estão progressivamente integrando escalas de confiança para nortear os usuários sobre o nível de segurança apropriado. No entanto, LLMs, como o próprio nome indica, são bons em modelagem de linguagem, não são especialistas em matemática. Embora o progresso esteja acelerando neste espaço, o gerenciamento de expectativas é crucial.

Otimização de Prompts via Aprendizado por Reforço

A aprendizagem por reforço durante a implantação poderia permitir a adaptação online de prompts. Imagine treinar um cachorro: quando se comporta bem, você recompensa, e quando se comporta mal, pode dizer "não". Da mesma forma, podemos treinar nossos LLMs para fazer melhores perguntas (prompts) com base na reação dos utilizadores.

Ações de utilizadores como solicitações de esclarecimento, edições, classificações e tempo de permanência fornecem sinais de treino para quais prompts produzem respostas superiores. As estratégias de seleção de prompts são atualizadas para maximizar a satisfação do utilizador.

Como funciona:

1. Prompts parametrizados para permitir variação e evolução: Tal como num jogo de perguntas e respostas onde as perguntas podem variar em dificuldade ou tópico, as perguntas do nosso modelo podem mudar e evoluir com base no que funciona melhor. Se um utilizador costuma perguntar sobre ciências, o modelo pode começar a sua próxima pergunta com: "Com relação ao seu interesse em ciências..."

2. Interações de utilizador fornecem feedback comparativo: O modelo observa dicas dos utilizadores. Se um utilizador frequentemente pede esclarecimentos ou edita a resposta do modelo, pode significar que a pergunta do modelo não estava clara ou útil. Se um utilizador sempre confere a resposta de um modelo sobre um tópico, o modelo pode aprender a abordar esse tópico com mais cuidado.

3. Treino para maximizar preferências ao longo do tempo: Ao ver repetidamente o que funciona e o que não funciona, o modelo é treinado para fazer perguntas melhores que os utilizadores acham mais úteis.

4. Equilibrando exploração e exploração: Embora o modelo use métodos testados e comprovados que os utilizadores gostaram antes (exploração), também deve tentar novas abordagens de vez em quando (exploração).

5. Auditorias cuidadosas de incentivos para garantir objetivos pretendidos: À medida que o modelo aprende com o feedback, devemos garantir que ele esteja perseguindo os objetivos certos, como ser prestativo e verdadeiro, e não apenas visando a maneira mais fácil de obter feedback positivo.

Esta otimização de prompt, combinada com a incorporação de feedback do utilizador, mantém os modelos continuamente alinhados com as necessidades do mundo real. A sequência de prompts ideal maximiza objetivos como correção, utilidade, inofensividade e honestidade.

O prompting adaptativo é uma direção promissora para manter modelos prestativos e inofensivos de forma sustentável. No entanto, é necessária ponderação para evitar distorção não intencional de feedback.

Estratégias de Prompting Especializadas

Embora os métodos de prompting discutidos forneçam ampla aplicabilidade, certos casos de uso se beneficiam de estratégias especializadas sintonizadas com os seus requisitos exclusivos:

- **Agentes de Conversação:** Manter persona, histórico e tom em conversas requer consciência além de interações isoladas. Correntes de prompt de várias etapas que recapitulam o contexto se mostram eficazes. Personas e perfis de utilizador externos ao modelo concentram ainda mais respostas características.

- **Escrita Criativa:** Restringir prompts iniciais a contextos, traços de personagens e pontos principais da trama fornece limites criativos úteis. No entanto, deixar espaço para continuação imprevisível da história permite capturar vozes e originalidade distintivas. Equilibrar orientação com criatividade irrestrita destrava a capacidade de narrativa latente.

- **Código de Computador:** Prompts de código exigem imposição exata de sintaxe, clareza de escopo e modularidade composicional. Restringir o auto-completamento, impor digitação de variável e solicitar documentação de comentários e técnicas semelhantes permitem que modelos completem programadores humanos colaborativamente, evitando códigos incorretos.

- **Educação:** Princípios pedagógicos exigem andaimes de prompts de perguntas fáceis e geradoras de confiança até conceitos cada vez mais difíceis adaptados ao nível crescente do aluno. Prompting socrático também destrava conhecimento latente por meio de ignorância fingida, evitando respostas diretas pouco úteis. Essas técnicas baseadas em evidências melhoram os resultados educacionais.

- **Médico:** Restrições estritas são necessárias ao gerar sugestões médicas para evitar recomendações sem apoio clínico estabelecido. Prompts devem enquadrar saídas como hipóteses exploratórias para especialistas avaliarem, não como conselhos definitivos, e incluir citações. Enquadramento conservador é prudente em domínios de alto risco.

Em cada caso, estratégias de prompting especializadas que constroem sobre princípios gerais permitem destravar capacidades sintonizadas às necessidades e ética do domínio. O prompting permanece tanto uma arte quanto uma ciência.

Abordagens Híbridas

Olhando adiante, combinar estratégias de prompting aprendidas com conhecimento estruturado oferece potencial promissor para superar as limitações de ambas as abordagens.

Por exemplo, o prompting de corrente de pensamento incorpora estruturas de raciocínio de alto nível, ao mesmo tempo utilizando LLMs para completions gerativas de baixo nível:

1. Decompor metas complexas em habilidades e subtarefas hierárquicas.

2. Classificadores treinados selecionam prompts adequados para completar cada sub-tarefa.

3. Gerações dos LLMs fornecem os detalhes necessários para a estrutura geral.

4. Agregar saídas estruturadas em totalidades coerentes.

Nesta abordagem, a estrutura hierárquica mitiga as fraquezas no encadeamento dos LLMs não estruturado, como perder de vista as metas. LLMs geram conteúdo de suporte sem exigir coerência de longo prazo não guiada.

Como outro exemplo híbrido, o conhecimento rígido recuperado de bancos de dados poderia fundamentar explorações gerativas de forma livre:

1. Começar com uma consulta estruturada para extrair fatos-chave.

2. Fornecer fatos para preparar o LLM, enquadrando a investigação subsequente.

3. Permitir continuação especulativa irrestrita ancorada em dados rígidos.

4. Avaliar consistência entre conhecimento recuperado e hipóteses geradas pelo LLM.

Ao combinar sinergicamente pontos fortes, abordagens híbridas transcender limitações de sistemas estruturados e não estruturados. No entanto, o design de interface e a integração de fluxo de trabalho permanecem desafios em aberto.

Segurança e Ética

A engenharia de prompts nos equipa para direcionar, embora não controlar perfeitamente, comportamentos LLMs. No entanto, a automação total, sem transparência e supervisão, representa riscos.

Gerar conteúdo tóxico, plágio e viés persistem como preocupações. Práticas responsáveis, mesmo para casos de uso comerciais relativamente restritos, incluem:

1. Monitorar saídas e interromper modelos se linhas vermelhas forem ultrapassadas.

2. Restringir janelas de contexto para evitar replicar dados de treino protegidos por direitos autorais.

3. Testando vieses prejudiciais com prompts direcionados.

4. Buscando e incorporando feedback de comunidades impactadas.

5. Marcar d'água conteúdo gerado por IA para evitar confusão.

Evite automatizar modelos gerativos de ponta a ponta sem pontos de verificação humanos. Embora não seja infalível, a engenharia de prompts permite canalizar capacidades para fins benéficos. Ainda assim, o desenvolvimento ético precisa de uma governança mais ampla interfuncional, além da engenharia de prompts isoladamente.

Conclusão

Prompting básico de troca única fornece utilidade limitada para casos de uso avançados de raciocínio. Encadeamento de prompts, restrição de respostas, pontuação de incerteza e otimização durante a implantação oferecem avanços complementares que ajudam a superar limitações inerentes de LLMs como esquecimento e falta de senso comum. A automação permite alavancar esses métodos sem envolvimento humano excessivo.

Avanços contínuos em modelos de prompting, não apenas fundamentos, permanecem críticos para fornecer capacidades robustas alinhadas com valores humanos. A engenharia de prompts é uma habilidade que pode ser aprendida, e que impacta significativamente aplicações do mundo real. Dominar esta arte acelera benefícios mantendo segurança e ética.

16

TREINAMENTO DE LLMS

Como aprendemos no Capítulo 2, os grandes modelos de linguagem demonstram notáveis capacidades de linguagem natural após extensivo treino em enormes conjuntos de dados de texto. No entanto, a maioria dos líderes empresariais não tem perspectiva sobre o processo intricado de como esses modelos aprendem dados de maneira computacional.

Este capítulo tem como objetivo desmistificar conceitos, métodos e considerações-chave em torno do treino de LLMs para líderes explorando a adoção, mas sem especialização técnica.

Vou resumir facetas críticas do desenvolvimento de modelos, referindo-me a capítulos anteriores para contexto fundamental, evitando duplicação. Meu objetivo é apoiar planejamento e governança prudentes. Vamos começar explorando o pipeline de treino que sustenta o potencial latente dos LLMs.

Objetivos de Pré-treino

No Capítulo 3, exploramos como arquiteturas de redes neurais Transformer permitem que os LLMs compreendam a linguagem representando relacionamentos semânticos entre palavras matematicamente. No entanto, essas redes por si só fornecem apenas capacidade potencial. Os modelos exibem habilidades práticas apenas após a otimização impulsionar os seus milhões de parâmetros para codificar padrões de conjuntos de dados de treino. Esta exposição ao conjunto de dados ocorre em duas fases principais—pré-treino e afinação.

O pré-treino é a etapa inicial em que os modelos aprendem conhecimento linguístico geral de corpora de texto não rotulados—essencialmente qualquer texto como livros, notícias ou sites. O modelo processa esses textos para entender como a linguagem é estruturada estatisticamente, sem ser adaptado para nenhuma tarefa específica ainda.

Objetivos populares de pré-treino incluem:

1. **Mascaramento de linguagem**: mascarar aleatoriamente palavras em frases de entrada e fazer o modelo prever substituições adequadas com base no contexto. Isso ensina a entender relacionamentos semânticos.

2. **Detecção de token substituído**: identificar palavras substituídas inconsistentes com o contexto. Isso foca modelos na coerência.

3. **Reordenação de frases**: embaralhar a ordem das frases e fazer com que os modelos reconstruam progressões lógicas. Isso desenvolve a consciência do fluxo narrativo.

Objetivos de pré-treino expõem modelos a uma diversidade
de textos para ingerir capacidades de compreensão de
linguagem ampla e o conhecimento de mundo necessário
para tarefas subsequentes.

Arquiteturas

No Capítulo 3, exploramos arquiteturas Transformer que
processam palavras em paralelo para entender relacionamentos entre tokens distantes. As escolhas arquitetônicas
impactam as capacidades do modelo. Por exemplo, modelos
apenas decodificadores produzem texto fluente, mas podem
carecer de habilidades profundas de raciocínio. Modelos
apenas codificadores compreendem bem a linguagem, mas
podem não gerar texto suavemente. Modelos codificador-
decodificador equilibram ambas as habilidades. Modelos de
maior dimensão também se sobressaem, mas requerem
exponencialmente mais dados e capacidade computacional.
Estar atento a esses trade-offs de capacidade permite
alinhar modelos às necessidades de negócios.

Conjuntos de Dados

Como destacado no Capítulo 13, a escala e qualidade dos
conjuntos de dados de treino impactam crucialmente o
desempenho do modelo. Atores maliciosos poderiam potencialmente envenenar conjuntos de dados com padrões
tóxicos que os modelos então herdam. Vieses como enviesamentos de gênero, raça ou ideologia na distribuição de
dados também se propagam, a menos que mitigados. No
entanto, a curadoria de conjuntos de dados de alta qualidade permanece desafiadora e dispendiosa. Algumas direções promissoras incluem:

1. A geração de dados sintéticos, tal como a retradução por meio de vários idiomas, fornece sinais de treino auto-supervisionados e de baixo custo. Ao traduzir uma frase para outro idioma e depois "retraduzi-la", você muitas vezes acaba com uma frase que é ligeiramente diferente, mas ainda semanticamente semelhante à original. Esses dados aumentados ajudam a melhorar a robustez dos modelos, fornecendo exemplos de treino mais variados.

2. Aproveitando dados naturais como corpora de livros online evita rotular conjuntos de dados manualmente. A licença pública deve ser verificada.

3. Buscando diversos feedbacks da comunidade ajuda a descobrir preconceitos prejudiciais e remover exemplos sensíveis precocemente. Participação contínua é ideal.

No geral, os próprios dados merecem mais escrutínio do que os modelos durante o desenvolvimento. Os dados contêm valores, vieses e questões de consentimento implícitos facilmente negligenciados. Estabelecer uma cadeia de suprimentos de dados ética é fundamental, mas um trabalho difícil que requer colaboração persistente entre praticantes técnicos, especialistas de domínio e comunidades impactadas.

Infraestrutura Computacional

No Capítulo 9, exploramos os requisitos computacionais impressionantes do treino de LLMs modernos. Aceleradores de hardware especializados como GPUs e TPUs são essenciais para viabilidade, dados os quatrilhões de operações aritméticas envolvidas na sintonia de bilhões de parâmetros em conjuntos de dados de trilhões de tokens. Acessar capa-

cidade de processamento suficiente permanece desafiador
para organizações menores sem enormes data centers.
Algumas estratégias úteis incluem:

- Optimizar o paralelismo de dados e de modelos
  para distribuir eficientemente a carga de trabalho
  pelo hardware disponível.

- Aproveitar fornecedores de computação em nuvem
  para executar experimentos de treino limitados
  antes de investir em infraestrutura.

- Explorar colaborações com entidades de pesquisa
  que têm acesso a recursos computacionais
  avançados.

- Buscar subsídios, créditos e incentivos de
  fornecedores e governos para aumentar a
  acessibilidade.

- Avaliar cuidadosamente as trocas de emissões de
  carbono e sustentabilidade ao planejar projetos de
  treino.

Com otimização deliberada e parcerias, os benefícios de
LLMs não precisam ser limitados apenas a entidades hiper-
dimensionadas. Mas as demandas computacionais permanecem um desafio fundamental que requer planejamento
informado de recursos.

Processo de Formação

O processo de treino expõe modelos a conjuntos de dados iterativamente para ajustar parâmetros incrementalmente. Cada ciclo envolve quatro etapas principais:

1. Passar dados de entrada como sequências de texto para o modelo.

2. Fazer o modelo processar as entradas e fazer previsões.

3. Quantificar erros de previsão em comparação com os objetivos de treino desejados.

4. Ajustar ligeiramente os parâmetros do modelo para reduzir erros.

Repetir essas quatro etapas centenas de vezes percorre todo o conjunto de dados, melhorando incrementalmente os parâmetros para minimizar erros do objetivo.

Técnicas adicionais que possibilitam convergência estável incluem:

- **Taxas de aprendizagem cíclicas:** Imagine que você está tentando encontrar o ponto mais baixo numa paisagem montanhosa enquanto vendado. No início, você pode dar grandes passos para descer rapidamente, mas à medida que se aproxima do ponto mais baixo, dá passos menores para encontrar a localização exata com cuidado. As taxas de aprendizagem cíclicas funcionam de maneira semelhante; elas ajustam o tamanho dos passos que o modelo dá para encontrar a melhor solução, garantindo que não perca ou ultrapasse o alvo.

- **Clipping de gradiente:** Pense no limitador de velocidade de um carro que impede que ele vá muito rápido por segurança. O clipping de gradiente faz algo semelhante para nosso modelo; se ele estiver fazendo mudanças muito rapidamente, o que poderia ser prejudicial, o clipping de gradiente garante que não exceda uma velocidade segura, levando a uma jornada de aprendizagem mais suave e segura.

- **Regularização:** Suponha que você esteja ensinando alguém a acertar uma bola de golfe. Se focarem demais no último swing que viram, podem ter dificuldade quando as condições mudarem. A regularização garante que o modelo não preste muita atenção a nenhum exemplo específico, mas aprenda regras mais gerais, tornando-o adaptável a novas situações.

Versionar pipelines de dados, modelos, experimentos e resultados também é essencial para reprodutibilidade, responsabilidade e preparação para produção. O rigor do treino separa modelos robustos de overfits precários.

Procedimentos de Formação

Procedimentos de treino padrão visam desempenho ideal do modelo em métricas. No entanto, como discutido no Capítulo 14, perseguir métricas isoladamente arrisca negligenciar valores humanos. Por exemplo, cegueira para preconceitos demográficos poderia surgir apesar de resultados gerais fortes. Algumas direções promissoras para transmitir consciência social incluem:

- **Aprendizagem por Reforço a partir de Feedback Humano:** Fazendo modelos interagirem com utilizadores reais e melhorarem incrementalmente com base em classificações de feedback sobre atributos como prestatividade, inofensividade e honestidade.

- **IA Constitucional**[46]: Editando recursivamente as saídas do modelo para conformidade com princípios de honestidade, empatia e inofensividade.

- **Aprendizado de valores**[47]: Otimizando diretamente para evitar estereótipos prejudiciais e exibir comportamentos pró-sociais.

No geral, o treino eficaz requer uma definição holística de desempenho que exceda métricas estreitas para incluir alinhamento ético. Mas traduzir princípios em procedimentos permanece tecnicamente e filosoficamente desafiador. O progresso responsável exige perseverança em frentes técnicas e éticas simultaneamente.

Ajuste Fino

Após o pré-treino para aprender conhecimento geral, os modelos são então ajustados finamente em conjuntos de dados rotulados menores para se especializar em tarefas específicas. Por exemplo, um assistente de escrita generativo faria a afinação em documentos de domínio específico, como textos de marketing e descrições de produtos existentes. Esta fase é crucial para adaptar as bases pré-treinadas às necessidades de negócios, muitas vezes impulsionando dramaticamente o desempenho em comparação com treinar modelos personalizados do zero.

Duas técnicas promissoras de afinação incluem treino baseado em prompt e treino de tarefas intermediárias.

Treino baseado em prompts:

Em vez de exemplos de entrada e saída, os modelos são treinados com prompts que ilustram a tarefa a ser realizada, como resumir folhetos de produtos. O feedback humano é então utilizado para aprimorar o aprendizado.

Treino de tarefas intermediárias:

O treino com tarefas intermediárias[48] contribui para prevenir o overfitting durante o ajuste fino. Overfitting ocorre quando o modelo se especializa excessivamente em exemplos específicos de treino, perdendo a capacidade de generalização.

O treino de tarefas intermediárias ajuda a evitar isso fazendo a afinação em duas etapas:

1. Primeiro, as camadas iniciais do modelo são treinadas num grande conjunto de dados geral para uma tarefa intermediária. Isso ensina ao modelo habilidades linguísticas amplas.

2. Então, as camadas posteriores do modelo são treinadas para a tarefa especializada final, como resumir documentos legais.

Dividir a afinação em duas etapas significa que as camadas iniciais retêm o conhecimento geral adquirido durante o treino da tarefa intermediária, em vez de se especializar excessivamente para a tarefa final.

Isso evita overfitting porque o modelo mantém uma base de habilidades linguísticas amplas adquiridas durante o treino da tarefa intermediária. A abordagem de duas etapas ajuda a equilibrar generalização e especialização para o melhor desempenho.

A afinação cuidadosa libera imenso valor de modelos base. Mas perseguir métricas isoladamente arrisca desalinhamento, necessitando supervisão humana holística.

Esquecimento Catastrófico

Tentativas iniciais de realizar ajuste fino em modelos prétreinados de grande escala, como o GPT-3, utilizando conjuntos de dados-alvo de menor dimensão, enfrentaram o fenômeno de esquecimento catastrófico. Atualizar todos os parâmetros faz com que a especialização para o nicho suplante o conhecimento original. O desempenho em benchmarks usados durante o pré-treino então despenca à medida que as competências centrais são perdidas.

Imagine um modelo de geração de artigos de química ajustado finamente num pequeno conjunto de dados de resumos de química. Ele se torna altamente proficiente em produzir resumos, mas perde a capacidade de discutir tópicos mais amplos como política, cinema ou filosofia abordados durante o pré-treino.

O esquecimento catastrófico representa barreiras para aproveitar com segurança a vasta capacidade de grandes modelos. Pesquisas em andamento visam permitir ajustes finos que aumentem as capacidades sem degradar o conhecimento geral aprendido durante meses de pré-treino.

Ajuste Fino Eficiente em Parâmetros

Métodos eficientes de ajuste fino de parâmetros (PEFT)[49], tais como o LoRA[50] (Low Rank Adaptation), concentram-se em atualizar um subconjunto reduzido de parâmetros durante o ajuste fino. Isso evita perturbar a vasta maioria dos parâmetros que codificam o conhecimento geral acumulado durante o pré-treino.

Por exemplo, o LoRA pode ajustar apenas 0,5-2% do total de parâmetros ao especializar um modelo para um domínio ou conjunto de dados específico. Os restantes 97-99,5% dos parâmetros originais do modelo permanecem congelados. Isso evita o esquecimento catastrófico das capacidades aprendidas durante o pré-treino.

Ao limitar o ajuste a parâmetros críticos com base em atenção e análise de gradiente, o PEFT aproveita de forma sustentável a ampla capacidade de grandes modelos sem tentar retreino disruptivo completo. Examinaremos essas técnicas com mais detalhes no próximo capítulo.

Benefícios de Eficiência

Além de mitigar o esquecimento catastrófico, o PEFT confere enormes benefícios de eficiência. A afinação completo ativa todo o modelo durante o treino, o que é inviável para modelos com centenas de milhões ou mais parâmetros.

Os métodos PEFT como LoRA congelam a maioria dos parâmetros, executando apenas o pequeno conjunto ajustado em alta precisão necessária para o treino. Isso reduz significativamente os requisitos de memória e computação.

A quantização é outra técnica que reduz a precisão dos parâmetros. Trata-se de simplificar os números que um modelo usa. Em vez de usar números muito detalhados (como números de ponto flutuante de 32 bits), a quantização significa que usaremos números mais simples e curtos (como números de 8 bits). É um pouco como arredondar preços para o dólar mais próximo, em vez de contar centavos. A vantagem? Usa menos memória e acelera os cálculos, tornando mais barato e rápido executar o modelo. Mas, como usar uma paleta limitada, há uma compensação: você perde um pouco de detalhe. No entanto, com as técnicas certas, o impacto no desempenho do modelo pode ser mínimo.

Portanto, as técnicas PEFT combinadas com quantização reduzem drasticamente as demandas de recursos ao mesmo tempo evitando o esquecimento catastrófico. Isso libera a afinação prática de vastas capacidades dos LLMs, mas eficientes, em hardware típico. Mas a quantização total para 8 bits também permite implantação optimizada após a especialização.

Modelos Multitarefa

Ao invés de realizar o ajuste fino em um modelo distinto para cada aplicação especializada, o treino multitarefa[51] submete um único modelo a variados conjuntos de dados e metas de forma simultânea durante o treinamento.

Por exemplo, considere um aplicativo de assistente de vendas que precisa exibir três habilidades principais:

1. Fluência em conversação natural para envolver clientes.

2. Conhecimento profundo dos produtos e serviços da empresa.

3. Capacidade de qualificar leads e identificar oportunidades promissoras.

Uma abordagem padrão envolveria a afinação de três modelos separados, cada um treinado exclusivamente com dados para uma única habilidade. No entanto, a aprendizagem multitarefa oferece uma estratégia alternativa.

Com a aprendizagem multitarefa, um único modelo é treinado em paralelo em dados abrangendo as três habilidades. O modelo aprende conversação a partir de conjuntos de dados de diálogo de domínio aberto, adquire experiência em produtos de catálogos e documentação e desenvolve habilidades de qualificação de leads usando exemplos de interações marcadas.

Este treino conjunto em diversos objetivos se assemelha mais a como humanos aprendem habilidades transferíveis. Expor o modelo a uma mistura de conjuntos de dados concede versatilidade que excede a especialização estreita.

No entanto, é necessário cuidado no processo de treino. Se um objetivo dominar o sinal de treino, poderá sobrepujar outras habilidades. Por exemplo, dados conversacionais abundantes podem prejudicar o conhecimento especializado do produto.

Ajuste meticuloso de tamanhos de lote, ponderações de perda e ordem de introdução minimiza essas interações negativas entre conjuntos de dados e habilidades. Com recursos de dados e computação suficientes, modelos multitarefa demonstram notáveis capacidades de generalização.

Portanto, em vez de miopicamente overfitting para domínios individuais, a aprendizagem multitarefa concede aos modelos amplitude adaptável semelhante à especialização humana. No entanto, equilibrar desempenho em muitas tarefas permanece tecnicamente desafiador. Quando orquestrado com ponderação, o treino multitarefa libera LLMs versáteis e transferíveis alinhados com diversas necessidades de negócios.

Ajuste Fino Não Supervisionado

A maioria das técnicas de ajuste fino confia na anotação humana de dados para tarefas específicas. No entanto, abordagens não supervisionadas emergentes continuam o desenvolvimento do modelo após a implantação, aproveitando mudanças de distribuição em dados de interação do utilizador não rotulados.

Por exemplo, um assistente médico aprenderia com o feedback do clínico e refinaria as habilidades de diagnóstico ao longo do tempo. Ou um modelo ajustado finamente para prever texto editado gera amostras iniciais de maior qualidade de acordo com revisões humanas. Dados não rotulados oferecem terreno fértil para melhorar a fluência e coerência que complementam as deficiências do conjunto de dados.

No entanto, isso arrisca comportamentos imprevisíveis na ausência de supervisão. Laços de feedback humano cuidadosamente projetados permanecem essenciais para manter a segurança durante a adaptação não supervisionada contínua.

Aprendizagem por Reforço

Conforme discutido anteriormente, a aprendizagem por reforço a partir de feedback humano fornece otimização especializada para objetivos complexos como utilidade, inocuidade e honestidade, que se mostram difíceis de supervisionar diretamente.

Aqui, os modelos geram respostas candidatas e as preferências humanas fornecem o sinal de treino para orientar a melhoria da política. Por exemplo, comparando saídas de dois modelos, a resposta superior pode ser identificada e usada para atualizar parâmetros e optimizar resultados ao longo do tempo.

Isso permite adaptar modelos dinamicamente a qualidades ausentes nos dados de treino estáticos. No entanto, é necessário cuidado para evitar distorcer incentivos, como respostas enganosas sendo recompensadas por parecerem corretas. Auditoria e iteração sistemáticas desbloqueiam melhor os benefícios levando em conta os riscos.

O Caminho a Seguir

Esta visão geral do treino de modelos mostra as complexidades envolvidas em instilar LLMs com conhecimento e capacidades que superam a proficiência humana em domínios estreitos. Discutimos procedimentos multifásicos como pré-treino, afinação, seleção de modelo e dados sintéticos que permitem especialização controlada sem esquecimento catastrófico.

No entanto, riscos relacionados à qualidade dos dados, estabilidade do treino, metodologia de avaliação e danos potenciais exigem práticas diligentes de monitoramento e mitigação para garantir confiabilidade e segurança no mundo real em cada etapa. O treino responsável é crucial para traduzir pesquisas de ponta em soluções que beneficiem a humanidade.

Olhando adiante, melhorar a eficiência computacional, arquiteturas generalizáveis, avaliação de princípios, e incorporação de preferências humanas representam prioridades para o campo. Há também esforços crescentes para aprimorar a qualidade do modelo por meio de objetivos, conjuntos de dados, arquiteturas e processos de feedback avançados.

O treino dos LLMs permanece intensivo em recursos, mas evolui rapidamente para moldar comportamentos de modelo para o amplo benefício da sociedade. Embora o progresso tenha sido de tirar o fôlego, direcionar propositalmente essas capacidades para a sabedoria e a ética permanece um desafio significativo para pesquisa e implantação.

Compreender os processos que dão origem à funcionalidade fornece a visão necessária para avaliar compensações, definir expectativas e garantir supervisão prudente por equipes de liderança multifuncionais durante a adoção.

17

AJUSTE FINO DE MODELOS EFICIENTE

Muitas empresas encontram desafios ao tentar aproveitar de forma eficaz os avanços recentes, como os grandes modelos de linguagem. Esses desafios englobam os custos associados à computação em nuvem comercial para treinamento e implantação, bem como a escassez de talentos especializados em IA.

Como introduzido no capítulo anterior, técnicas emergentes para afinação eficiente de modelos pré-treinados, como LoRA e PEFT, visam diminuir essas barreiras. Elas adaptam apenas um pequeno subconjunto de pesos do modelo, reduzindo drasticamente o custo computacional, armazenamento de dados e financeiro.

Neste capítulo, oferecemos aos líderes empresariais uma análise aprofundada das técnicas de Ajuste Fino Eficiente em Parâmetros, examinando tanto as suas capacidades quanto as suas limitações. Avaliamos o seu potencial para democratizar o acesso à IA avançada, face às restrições impostas pelos ecossistemas dominados pelas grandes empresas de tecnologia.

O Aumento dos Custos Associados aos Grandes Modelos de IA

A inteligência artificial transformou-se nos últimos anos com o advento de grandes modelos de rede neural, como o GPT-3. No entanto, o tamanho destes modelos acarreta custos significativos. Como abordado anteriormente, treinar esses modelos pode exigir milhares de GPUs por semanas, custando milhões de dólares mesmo para gigantes da tecnologia. Por exemplo, treinar o GPT-3 custou uma estimativa de US$12 milhões. Os modelos grandes também requerem armazenamento substancial, com o GPT-3 pesando 350 GB.

Isso cria um dilema para as empresas que procuram aproveitar os poderes dos grandes modelos de linguagem. Acessar serviços de API comerciais pode ser proibitivamente caro em escala e incorrer em riscos significativos posteriores devido à opacidade dos dados de treino, por exemplo. Mas treinar modelos personalizados internamente provavelmente será inviável sem vastos recursos de engenharia. As empresas de médio porte encontram-se numa posição intermediária.

Depois de treinados, implantar grandes modelos para inferência também exige computação substancial. Bots de batepapo em tempo real e aplicações criativas exigem servidores GPU poderosos. Como discutido anteriormente, essa despesa contínua limita os modelos de negócios viáveis, muitas vezes reservados apenas para as Big Techs.

Conforme os modelos continuam a crescer rapidamente em tamanho, espera-se que estas restrições se intensifiquem. Até grandes empresas têm dificuldade em experimentar ou transformar em produtos modelos enormes. Melhorias de eficiência são necessárias para evitar a concentração em poucas mãos dominantes.

Técnicas Promissoras para um Ajuste Fino Mais Eficiente

Como resposta, pesquisadores vêm desenvolvendo novas técnicas que permitem a adaptação mais eficiente de modelos pré-treinados. Estes incluem LoRA (Low-Rank Adaptation) e uma variedade de métodos agrupados sob o termo PEFT (Parameter-Efficient Fine-Tuning).

Ambas as abordagens atualizam apenas uma fração minúscula dos pesos do modelo ao especializá-lo para tarefas subsequentes, mantendo a maioria congelada. Isso fornece desempenho quase equivalente á afinação completa, ao mesmo tempo que reduz drasticamente as demandas computacionais e de armazenamento de dados.

Em breve, cobriremos as principais capacidades e limitações do LoRA e PEFT. Mas primeiro, vamos examinar por que eles podem ser executados com tanta eficiência em comparação com a afinação completa de modelos gigantescos.

Compreendendo o Ajuste Fino Eficiente

Modelos de IA de grande escala, como o GPT-3, possuem centenas de bilhões de parâmetros. Esses parâmetros são os pesos que definem o comportamento do modelo. Originalmente, eles são inicializados aleatoriamente. O modelo é então treinado em enormes conjuntos de dados para ajustar gradualmente esses pesos num processo chamado pré-treino.

Este modelo pré-treinado pode então ser ajustado finamente para se especializar em tarefas particulares. A afinação convencional atualiza todos os pesos continuando o treino em conjuntos de dados menores.

No entanto, os pesquisadores perceberam que apenas uma pequena fração dos pesos pode precisar ser atualizada para se adaptar bem. LoRA e PEFT aproveitam essa ideia.

Por exemplo, o LoRA insere novas matrizes treináveis que essencialmente se sobrepõem aos pesos pré-treinados congelados. Técnicas PEFT como prefix tuning só atualizam embeddings para tokens adaptador pré-pendidos às entradas.

Em ambos os casos, quase todos os pesos pré-treinados estão congelados. Isso explica os seus ganhos de eficiência em computação, memória e uso de disco.

Agora, vamos explorar especificamente LoRA e PEFT em mais detalhes. Vamos nos concentrar primeiro no LoRA, que recebeu intenso interesse por afinação de recursos ultra baixos.

LoRA: Ajuste Fino de Alta Eficiência através da Adaptação de Baixo Rank

LoRA é a sigla para Low-Rank Adaptation, que se traduz como Adaptação de Baixo Rank. Foi proposto por pesquisadores da Microsoft e CMU num artigo de 2021[50]. O LoRA insere matrizes treináveis de baixo rank num modelo pré-treinado para adaptá-lo a tarefas subsequentes.

Quase todos os pesos permanecem congelados. Por exemplo, com os 175 bilhões de parâmetros do GPT-3, o LoRA pode atualizar apenas 2-4 milhões—mais de 10.000 vezes menos que a afinação completa. Essa eficiência extrema torna o LoRA intrigante para abrir grandes modelos de IA.

Como o LoRA Reduz os Requisitos Computacionais

Os custos computacionais para treino e inferência dependem fortemente do tamanho do modelo. Mais pesos exigem proporcionalmente mais operações e movimentação de dados.

O LoRA reduz custos atualizando apenas uma pequena fração dos pesos, definida por novas matrizes de baixo rank adicionadas a cada camada. Por exemplo, o GPT-3 pode usar matrizes com posto tão baixo quanto 1 ou 2, adaptando apenas 0,01% dos pesos.

Isto reduz diretamente as operações de ponto flutuante (FLOPs) para treino e inferência em ordens de magnitude. As necessidades de largura de banda de memória também diminuem drasticamente.

Juntos, isso reduz os requisitos de hardware para treino com LoRA até 3000x menor que a afinação completa em termos de GPUs ou TPUs. Os custos na nuvem comercial podem diminuir proporcionalmente.

Em termos absolutos, modelos com centenas de bilhões de parâmetros podem potencialmente ser ajustados numa única GPU de consumo. As demandas por hardware especializado de data center são reduzidas.

Requisitos de Armazenamento Mais Baixos

Além das demandas computacionais, o tamanho do modelo também cria gargalos em torno do armazenamento. Por exemplo, versões com afinação do GPT-3 pesam 350 GB cada.

Armazenar um modelo especializado por tarefa se torna impraticável nesta escala. O LoRA reduz este fardo ao exigir armazenamento extra apenas para as minúsculas matrizes adaptadas.

Para o GPT-3, eles podem ocupar apenas algumas dezenas de MBs. Isso permite manter economicamente muitos modelos especializados simultaneamente.

Troca Rápida Entre Tarefas

A redução drástica dos custos computacionais e de armazenamento possibilita a troca rápida entre modelos adaptados a diversas tarefas.

Em vez de ter que carregar pontos de verificação completamente diferentes de 350 GB, apenas parâmetros de matriz leves precisam ser trocados. Isso torna a troca de contexto imperceptível na implantação do mundo real.

Limitações do LoRA

O LoRA apresenta possibilidades intrigantes para democratizar o acesso a grandes modelos de linguagem. Mas limitações permanecem. Mais criticamente, o LoRA ainda depende inteiramente dos pesos e arquitetura pré-treinados. Apenas a introdução de matrizes de tarefa leves é exposta. A menos que modelos proprietários como o GPT-4 sejam aproveitados, isso significa dependência, limitando a flexibilidade e aumentando os riscos de lock-in. Perguntas abertas também persistem em torno de compensações de qualidade do modelo.

Além disso, o treino ainda exige acesso a hardware especializado como GPUs ou TPUs, se em escala reduzida. A utilização de recursos em nuvem comercial permanece como norma.

Em essência, o LoRA fornece uma rampa aliciante para afinação eficiente. Mas o ecossistema subjacente permanece em grande parte centralizado e fechado. Em seguida, exploraremos o PEFT, que oferece pontos fortes e fracos complementares.

PEFT: Uma Coleção de Técnicas para Ajuste Fino Eficiente em Parâmetros

PEFT significa Parameter-Efficient Fine-Tuning (Ajuste Fino Eficiente em Parâmetros). Refere-se a uma coleção em evolução de técnicas que ajustam finamente grandes modelos atualizando apenas uma pequena fração dos pesos.

Os métodos PEFT incluem prefix tuning, prompt tuning, adapter tuning e bit fitting, entre outros. Eles se distinguem do LoRA por expor alguns pesos internos em vez de apenas adicionar novas matrizes.

Vamos pesquisar algumas abordagens PEFT populares e as suas capacidades.

1. Prefix Tuning

Uma técnica PEFT interessante é o prefix tuning, introduzido em 2021. Ela adiciona embeddings token treináveis ao início das entradas do modelo.

Por exemplo, uma pergunta pode ser prefixada com um token aprendido [Query]. Apenas embeddings para esses tokens especiais são ajustados, deixando os pesos subjacentes congelados.

Tipicamente, o número de novos embeddings varia de dezenas a alguns milhares—negligenciavelmente pequeno em comparação a modelos com centenas de bilhões de pesos. As economias de computação e armazenamento espelham o crescimento limitado de parâmetros.

Este método aproveita a ideia de que grandes modelos já contêm extenso conhecimento. Um pequeno prompt pode guiá-los a exibir o comportamento desejado sem afinação abrangente.

2. Bit-Fit

O bit-fit está entre os métodos PEFT mais eficientes em parâmetros. Ele só treina os termos de polarização do modelo, mantendo todos os pesos congelados.

Imagine uma grande orquestra tocando uma linda peça musical. Cada músico (representando os "pesos" num modelo) tno seu papel e sabe exatamente como tocar a sua parte. O maestro (representando o "viés" no Bit-Fit) não muda as notas que cada músico toca, mas pode influenciar o quão alto ou baixo a orquestra toca, ou acelerar ou diminuir o ritmo. A influência do maestro pode mudar a sensação geral da música sem alterar as notas individuais.

No método Bit-Fit, em vez de reensinar todos os músicos da orquestra uma nova peça musical (o que seria como retreina todos os pesos), fornecemos orientação ou um impulso (o viés) para obter um som diferente ou nos adaptar a um novo estilo. Essa abordagem é mais eficiente e requer menos esforço do que ensinar a cada músico individual uma nova peça.

Portanto, "viés" neste contexto é como os pequenos ajustes ou impulsos feitos pelo maestro para obter o desempenho desejado da orquestra sem alterar a essência central da música.

Como os vieses representam uma fração minúscula de todos os pesos, isso reduz drasticamente as demandas de recursos. Por exemplo, o bit-fit pode adaptar pouco como 0,01% dos pesos em modelos enormes.

A compensação é flexibilidade limitada em comparação com outras técnicas. Como os pesos são fixos, apenas as distribuições de saída podem ser reequilibradas, em vez do comportamento interno. Mas os ganhos de eficiência são incomparáveis.

3. Métodos Baseados em Adaptadores

Recentemente, camadas de adaptador se tornaram uma arquitetura popular para afinação eficiente em parâmetros. Eles adicionam pequenas camadas de gargalo ao longo de um modelo.

Apenas os parâmetros do adaptador são treinados, congelando os pesos do modelo original. Isso fornece mais flexibilidade que o bit-fit, mas menos que o treino completa.

No geral, o PEFT oferece um espectro de técnicas com compensações variadas de flexibilidade e eficiência. Os pesquisadores continuam inovando novos métodos em ritmo acelerado.

Limitações do PEFT

Os métodos PEFT podem reduzir custos em mais de 1000x em comparação com a afinação completa de modelos gigantescos.

A maioria das técnicas permite apenas a afinação limitada dentro da arquitetura externa de modelos proprietários. Ao contrário do código código aberto, os modelos principais permanecem fechados. O PEFT também invariavelmente depende da infraestrutura em nuvem comercial para treino e implantação.

Além disso, as compensações de qualidade do modelo precisam de avaliação mais aprofundada em diferentes domínios. Atualizações de parâmetros mais limitadas podem atingir tetos, dependendo das necessidades inerentes de flexibilidade da tarefa.

Não obstante, o PEFT constitui um importante degrau em direção à democratização do acesso a grandes modelos capazes.

Implicações para Líderes de Negócios

LoRA e PEFT oferecem oportunidades intrigantes para empresas que buscam aproveitar grandes modelos de linguagem. Sugestões incluem:

1. Acelerar experimentação reduzindo drasticamente custos de computação e dados para a afinação do GPT-4 e outros.

2. Personalizar modelos para aplicações internas de nicho sem dependência de APIs em nuvem caras.

3. Alternar rapidamente modelos online para diversos serviços voltados ao cliente.

4. Alcançar resultados de ponta da arte com recursos frugais, aproveitando modelos em código aberto líderes como LLaMA 2.

5. No entanto, essas técnicas devem ser adotadas de olhos bem abertos em relação às limitações:

6. Evite dependência indevida dos modelos pré-treinados proprietários dos grandes participantes de tecnologia. Tente mesclar com modelos código aberto onde possível.

7. Reconheça que a transparência dos pesos do modelo por si só não garante concorrência justa ou alinhamento com interesses sociais amplos.

8. Desenvolva planos de contingência prudentes à medida que a escala computacional maciça se torna cada vez mais uma barreira competitiva, limitando a entrada no mercado.

No geral, técnicas como LoRA e PEFT mostram possibilidades encorajadoras para expandir o acesso à IA avançada. Mas a verdadeira diversificação requer abordar a concentração de recursos como dados, infraestrutura computacional e talentos de IA—não apenas liberando pesos do modelo.

18

REFORÇANDO CAPACIDADES DE IA COM FEEDBACK HUMANO

A pesar da impressionante evolução dos LLMs, persiste uma crucial questão de alinhamento: como esses modelos podem estar mais alinhados aos valores, preferências e necessidades humanas? Uma possível solução reside no Aprendizado por Reforço a partir de Feedback Humano (RLHF).

A Essência do RLHF

Essencialmente, o RLHF visa preencher a lacuna entre máquinas e humanos, ajustando os sistemas de IA para que reflitam melhor nossos valores e preferências. O treinamento tradicional de modelos baseia-se em extensos conjuntos de dados pré-rotulados por humanos, um processo que pode ser tanto moroso quanto sujeito a imprecisões. O RLHF desafia esse padrão estabelecido, incorporando diretamente o feedback humano no processo de treinamento da IA.

Considere um modelo de linguagem já pré-treinado que tem a capacidade de gerar uma ampla variedade de trechos textuais em resposta a uma solicitação específica. Com a abordagem do RLHF, ao invés de se apoiar somente em dados previamente rotulados, pessoas avaliam e ranqueiam de forma sistemática essas respostas produzidas pela IA. Essas escolhas humanas estabelecem o que se chama de "modelo de recompensa". Posteriormente, a IA é otimizada por meio de técnicas de aprendizado por reforço para priorizar resultados que recebem avaliações mais altas neste modelo.

Esta metodologia apresenta uma vantagem considerável: em vez de treinar o modelo com um conjunto estático de dados, ele evolui a partir do feedback humano dinâmico e direto. Dessa forma, o modelo passa a captar atributos complexos e subjetivos como criatividade, pertinência e veracidade— características que são notoriamente desafiadoras de serem codificadas em conjuntos de dados convencionais.

Impacto e Significado do RLHF

A introdução do RLHF marca uma mudança de paradigma na comunidade de IA. Gigantes do setor, como a OpenAI, utilizam esta técnica para desenvolver modelos avançados de assistente virtual, a exemplo do ChatGPT. A superioridade qualitativa é notável: esses modelos não se limitam a prever o próximo termo numa sequência de palavras; eles produzem conteúdo que está em maior sintonia com nossas preferências e valores reais.

A introdução do RLHF marca uma mudança de paradigma na comunidade de IA. Gigantes do setor, como a OpenAI, utilizam esta técnica para desenvolver modelos avançados de assistente virtual, a exemplo do ChatGPT. A superioridade qualitativa é notável: esses modelos não se limitam a prever o próximo termo numa sequência de palavras; eles produzem conteúdo que está em maior sintonia com nossas preferências e valores reais.

Ainda assim, o poder do RLHF não é apenas teórico. Aplicações práticas já estão surgindo. Considere a tarefa de sumarização de texto. Tradicionalmente, os modelos de IA para sumarização foram treinados para imitar resumos feitos por humanos. No entanto, pesquisadores da OpenAI demonstraram[52] que, empregando RLHF—fazendo humanos compararem resumos gerados por IA e refinando o modelo com base no feedback—a qualidade dos resumos melhorou drasticamente. Na verdade, com iterações suficientes, os resumos gerados por IA até superaram os resumos humanos em termos de qualidade.

O poder do RLHF não se limita a textos. Ele abre portas para inúmeras aplicações—seja reconhecimento de fala, geração de imagens ou tradução. A chave está no loop de feedback. Ao atender diretamente às necessidades humanas e refinar iterativamente com base no feedback, o modelo aprende a priorizar a satisfação do utilizador em relação a conquistas de benchmark isoladas.

Desafios na Implementação de RLHF

No entanto, o RLHF não é uma bala de prata. A técnica vem com a sua cota de desafios:

1. Intensividade de dados: o RLHF é voraz na sua demanda por dados. Um influxo constante de feedback humano é

essencial, e isso pode significar trabalho humano significativo e custos associados.

2. Problemas de viés e generalização: a IA é tão boa quanto o feedback que recebe. Se os avaliadores não forem bem instruídos, tiverem vieses ou fornecerem feedback inconsistente, a IA pode adotar essas falhas, às vezes com consequências prejudiciais.

3. Implementação complexa: embora promissor, o RLHF exige enormes recursos computacionais, extensos dados e engenharia meticulosa para escalar.

Os principais polos de pesquisa em IA estão totalmente cientes dessas limitações. À medida que avançamos, o foco será refinar as técnicas RLHF, desenvolver algoritmos mais eficientes e conceber estratégias para minimizar possíveis danos.

19

MODELOS ENSEMBLE, MISTURA DE ESPECIALISTAS E O PODER DA COLABORAÇÃO

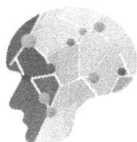

C omo acontece com muitos desafios empresariais, problemas multifacetados geralmente se beneficiam de soluções diversas. Em vez de depender de um único modelo especializado, imagine o potencial de resultados quando vários especialistas contribuem. Este capítulo não só aborda os Modelos Ensemble e a Mistura de Especialistas (MoE), como também explora as crescentes especulações sobre a integração de MoE no GPT-4, algo que tem causado grande repercussão no mundo da tecnologia.

O que são Modelos Ensemble?

Imagine que você está numa reunião de diretoria, tentando tomar uma decisão crucial. Em vez de confiar exclusivamente na perspectiva de uma pessoa, você solicita a contribuição de vários membros do conselho. A sua sabedoria coletiva geralmente leva a uma decisão mais bem informada e holística. Modelos ensemble funcionam de maneira semelhante.

No cerne, um modelo ensemble combina previsões de vários modelos para entregar uma decisão final. Em vez de confiar na saída de um único modelo, o ensemble aproveita os pontos fortes de cada modelo membro, mitigando as fraquezas individuais do modelo.

Benefícios:

1. **Diversificação de risco:** Semelhante à diversificação de uma carteira de investimentos, modelos ensemble mitigam o risco de baixo desempenho de qualquer modelo individual.

2. **Maior precisão:** Coletivamente, as previsões de vários modelos tendem a ser mais precisas do que qualquer previsão individual.

3. **Versatilidade:** Diferentes modelos podem ter especialidades. Ao combiná-los, você se beneficia de diversas áreas de experiência.

Embora LLMs, tais como o GPT, tenham estabelecido um padrão elevado, técnicas de conjunto têm o potencial de expandir ainda mais esses limites.

Mistura de Especialistas: Uma Divisão de Trabalho

Com os últimos rumores sugerindo que o GPT-4 pode empregar uma técnica avançada de Mistura de Especialistas, é crucial dissecar esse conceito e entender as suas implicações para os negócios. Se modelos ensemble são semelhantes a membros do conselho contribuindo coletivamente, a MoE pode ser comparada a uma equipe em que cada membro tem um conjunto de habilidades exclusivo.

Ao contrário dos sistemas de IA tradicionais que usam um modelo uniforme para todas as entradas, a MoE segrega tarefas entre vários modelos "especialistas", cada um possuindo parâmetros exclusivos. Um seletor especialista sistematicamente escolhe os especialistas mais adequados com base no tipo de entrada, ativando apenas um subconjunto esparso dos parâmetros gerais. Essa ativação esparsa permite que modelos MoE acomodem um número muito maior de parâmetros sem amplificar excessivamente as demandas computacionais.

Para tarefas relacionadas à linguagem, especialistas distintos se especializam em áreas diversas. Por exemplo, enquanto um especialista está sintonizado com as complexidades da gramática, outro domina o conhecimento factual. Essa especialização garante que os matizes da linguagem natural sejam adequadamente tratados, com cada palavra ou frase sendo roteada para o especialista ou combinação de especialistas ideal.

Um atributo notável da MoE é a sua escalabilidade mantendo a eficiência. Embora um modelo MoE possa abranger trilhões de parâmetros, apenas uma parcela minúscula é empregada para qualquer entrada.

Implementação Inovadora de MoE em IA de Linguagem

Embora o conceito central da MoE não seja novo, avanços recentes em paralelismo de modelos e treinamento distribuído renovaram o interesse na sua aplicação, especialmente em grandes modelos de linguagem.

Alguns projetos fundamentais que mostram o potencial da MoE incluem:

1. **Switch Transformers**[61]: Este método racionaliza as estratégias de roteamento MoE. Em experimentos, observou-se acelerar o treino em até 8x em comparação com modelos densos, graças à sua alocação inteligente de computação.

2. **GLaM (Google's Large Model)**[62]: Com espantosos 1,2 trilhão de parâmetros, o GLaM usa MoE para alcançar desempenho superior. Mesmo com apenas 8% dos seus parâmetros ativos durante qualquer tarefa, supera significativamente modelos como o GPT-3 de 175 bilhões de parâmetros em vários benchmarks de linguagem.

Esses projetos enfatizam os saltos notáveis que a MoE oferece na capacidade, funcionalidade e eficiência do modelo. Se os rumores se confirmarem e o GPT-4 de fato incorporar MoE, atingindo a marca de 1+ trilhão de parâmetros, mostra as estratégias inovadoras da OpenAI que superam os desafios de escala.

Benefícios:

1. **Eficiência e velocidade:** Componentes especializados podem processar os seus domínios muito mais rápidamente, permitindo decisões mais rápidas.

2. **Alocação de recursos:** Em um ambiente de negócios onde os recursos (como poder computacional) são limitados, alocar tarefas específicas para modelos especializados garante máxima eficiência.

3. **Soluções personalizadas:** Para problemas complexos que envolvem vários domínios, as MoEs podem fornecer soluções nuançadas que levam em conta todas as facetas do problema.

Embora os detalhes específicos sobre a arquitetura do GPT-4 ainda estejam para ser revelados, a sua escala potencial mostra as vastas possibilidades e desafios que a MoE apresenta na IA de linguagem.

Conexão com o Treinamento de LLMs

No capítulo anterior sobre treinamento de LLMs, destacamos que os modelos passam por um treinamento intensivo, aprendendo com grandes volumes de dados e iterando sobre seus erros. Agora, vamos contextualizar os modelos ensemble e MoE neste processo de treinamento:

1. **Ajuste Fino com Ensembles:** Após a fase geral de pré-treino de um LLM, vários modelos poderiam ser ajustados finamente usando diferentes subconjuntos de dados ou técnicas variadas. As previsões coletivas desses modelos com afinação podem melhorar o desempenho de tarefas específicas.

2. **Introduzindo Especialização na Formação:** Ao treinar um modelo MoE, cada especialista pode ser considerado passando por seu regime de treino especializado. Eles aprimoram a sua perícia com base em porções específicas dos dados de treino mais relevantes para eles.

3. **Aprendizagem e Adaptação Contínuas:** Modelos ensemble e MoE, como LLMs, se beneficiam de feedback contínuo. À medida que cada modelo (ou especialista) itera e melhora, o sistema coletivo se torna mais robusto e resiliente.

Implicações para Estratégias de Negócios

Planejamento de Recursos: A implementação de modelos ensemble ou MoE pode demandar mais recursos computacionais no início. Contudo, os benefícios a longo prazo, como eficiência, velocidade e precisão, podem justificar o investimento inicial.

Flexibilidade: Sistemas ensemble e MoE podem ser mais adaptáveis a cenários de negócios em mudança. Se um modelo se tornar obsoleto, ele poderá ser substituído ou atualizado sem reformulação de todo o sistema.

Conclusão

Os campos de modelos ensemble e misturas de especialistas oferecem vias promissoras para empresas que buscam aproveitar o poder de LLMs. Como qualquer ferramenta, a eficácia deles é determinada não apenas por seu vigor técnico, mas por como os líderes os implementam, monitoram e refinam estrategicamente. No panorama em constante evolução da IA, esses métodos fornecem mais um testemunho da crença secular: há força nos números.

20

APLICAÇÕES HABILITADAS POR LLM: ÁREAS DE PESQUISA E INOVAÇÃO

A pesquisa e o avanço de grandes modelos de linguagem aumentaram, entregando inovações que começaram a redefinir as capacidades da Inteligência Artificial. Novas plataformas como LangChain fornecem abstrações flexíveis e extensos kits de ferramentas, permitindo que as empresas entreguem aplicações alimentadas por LLM. Aqui, destilo três áreas principais de pesquisa e inovação que os líderes empresariais devem monitorar de perto.

Geração Aumentada por Recuperação (RAG)

O RAG[15] é a integração de redes neurais paramétricas — a arquitetura convencional dos modelos de IA — com memórias externas não paramétricas, que são extensivos repositórios de dados. Essa combinação permite que os sistemas de IA acessem e sintetizem informações externas durante a geração de texto, resultando em respostas mais acuradas e bem fundamentadas.

Como funciona:

- Um utilizador fornece uma entrada de texto, que pode ser uma pergunta ou um prompt.

- Um recuperador neural consulta uma vasta base de conhecimento, como um banco de dados corporativo, para encontrar informações pertinentes.

- Os dados recuperados informam o gerador de texto, que usa a entrada original e esses dados para produzir uma resposta conhecedora e precisa.

Implicações de Negócios:

O RAG tem o potencial de revolucionar muitos setores, trazendo insights de IA mais informativos. Executivos poderiam receber briefings sintetizados sobre notícias do setor, o atendimento ao cliente poderia oferecer respostas mais precisas e os trabalhadores do conhecimento podem obter um aumento significativo na produtividade. A capacidade de atualizar a memória externa também garante que a IA permaneça atualizada com as mudanças globais.

Desafios:

Mais pesquisas são necessárias para refinar a implantação de RAG em diferentes configurações e para melhorar as suas capacidades de raciocínio.

Modelos de Linguagem Auxiliados por Programas (PAL)

O PAL[17] é uma abordagem que visa superar uma limitação comum dos grandes modelos de linguagem: a dificuldade em realizar raciocínio matemático com precisão. Ao integrar redes neurais com técnicas de programação simbólica, o PAL propicia um raciocínio mais lógico e exato.

Como funciona:

- Em vez de apenas gerar raciocínio baseado em texto, o PAL produz etapas de raciocínio como código Python curto (ou outras linguagens de programação).

- Esses snippets de código são então executados num interpretador Python, garantindo resultados matemáticos precisos.

Implicações de Negócios:

Empresas que dependem de raciocínio quantitativo podem obter maior confiabilidade usando PAL. Para setores que exigem execução aritmética exata, o PAL fornece uma solução mais confiável.

Desafios:

Embora a natureza híbrida do PAL ofereça muitos benefícios, integrar redes neurais com programação simbólica apresenta desafios de coordenação. Aperfeiçoar essa sinergia é crucial para alcançar um raciocínio de IA robusto.

ReAct: Raciocinando com Ações

O ReAct[53] é uma metodologia desenvolvida para melhorar a precisão das decisões de sistemas de IA, intercalando etapas de raciocínio lógico com intervenções práticas no ambiente real.

Como funciona:

- O sistema realiza uma ação no mundo real, como consultar um banco de dados.

- Ele então raciocina com base nos dados recuperados.

- Dependendo das lacunas identificadas no seu raciocínio, ele determina ações subsequentes.

- Esse processo continua até que uma conclusão seja alcançada, com cada etapa ancorada em dados do mundo real.

Implicações de Negócios:

O ReAct sugere um paradigma na mudança de raciocínio de IA. Ao determinar que cada decisão que o sistema toma esteja fundamentada em dados do mundo real, as empresas podem esperar insights mais racionais e precisos dos seus sistemas de IA.

Desafios:

Como com outros modelos híbridos, combinar diversas técnicas de IA num fluxo de trabalho perfeito permanece um desafio. No entanto, os benefícios de um sistema de IA que é articulado e preciso no seu raciocínio tornam a busca válida.

Conclusão

Com a contínua e acelerada evolução da IA, a tendência emergente aponta para a adoção crescente de sistemas híbridos. Inovações como RAG, PAL e ReAct são representativas dessa direção, combinando as vantagens consolidadas das redes neurais com metodologias alternativas para expandir as fronteiras das capacidades da IA.

21

IMPLANTAÇÃO ÉTICA DE GRANDES MODELOS DE LINGUAGEM

O ritmo acelerado do progresso em IA muitas vezes deixa a sociedade reagindo à mudança tecnológica em vez de moldá-la proativamente. No entanto, o atual ciclo de hipervalorização não precisa implicar que falhamos em determinar caminhos sábios adiante, beneficiando a humanidade de forma holística.

Enquanto os LLMs prometem revolucionar áreas que vão desde a educação até a saúde, esses modelos também carregam o risco de vieses prejudiciais, imprecisões factuais e inconsistências que poderiam levar a implicações significativas no mundo real. Ao mesmo tempo, abster-se completamente dessa tecnologia revolucionária privaria a sociedade de muitos benefícios potenciais.

Neste capítulo final, delineio recomendações pragmáticas para abordar questões de segurança por meio de testes críticos, transparência na origem dos dados, monitoramento de impactos de implantação, solicitação de amplo feedback e alinhamento de incentivos de desenvolvimento com prioridades éticas. Soluções que equilibram riscos e oportunidades promoverão o bem-estar coletivo.

Danos Potenciais

Se implantados de forma descuidada em aplicações de impacto, os LLMs arriscam contribuir ou amplificar danos sociais existentes. A desinformação gerada poderia fortalecer tendências preocupantes de decadência da verdade. Imprecisão factual leva a erros perigosos em domínios de alto risco como ciência e medicina. Reutilizar material protegido por direitos autorais sem consentimento afeta os meios de subsistência dos criadores. Texto tóxico ou tendencioso reforça a discriminação e reduz a pertença. Aconselhamento conversacional não testado induz populações vulneráveis ao erro. E objetivos desalinhados poderiam expandir assédio, radicalização e mais por meio das mídias sociais. Vamos explorar alguns desses riscos com mais detalhes:

- **Controle Centralizado:** O desenvolvimento não fiscalizado de LLMs pode concentrar poder entre algumas corporações, instituições e governos selecionados. A maioria não pode avaliar, quanto mais moldar, sistemas tecnocráticos opacos que ditam a experiência de vida. A passividade permite o controle pela automação. Devemos estabelecer uma agência coletiva na determinação de possibilidades tecnológicas éticas que beneficiem a humanidade de forma holística.

- **Decadência da Verdade:** Mídia sintética generalizada emparelhada com pensamento crítico limitado amplifica os riscos de "apatia pela realidade", onde a conveniência supera a verdade. Bolhas de informações hiperpersonalizadas poderiam fragmentar a compreensão compartilhada. Os LLMs poderiam automatizar a manipulação em massa se fossem optimizados exclusivamente para engajamento e lucro. Ancorar a tecnologia a serviço da sabedoria fornece nossa rota de escapatória.

- **Intensificação da Desigualdade:** Os LLMs poderiam escalar desigualdades e vieses na ausência de um sincero compromisso com a participação justa de múltiplas partes interessadas. Aqueles já favorecidos ganham mais conhecimento, criatividade e produtividade, agravando as lacunas. Vozes fora das comunidades privilegiadas não são ouvidas nem atendidas. O progresso definido por benchmarks estreitos inevitavelmente oprime. Devemos ampliar a prosperidade por meio da imaginação moral.

- **Desumanização:** A superestima irrefletida de modelos e métricas deterministas corrói a dignidade humana. As pessoas se tornam fontes de dados oprimidas por algoritmos, que decretam a verdade arbitrariamente. A eficiência substitui o significado quando a técnica se sobrepõe à ética. Mas continuamos livres para afirmar valores e propósito.

- **Potenciação Tecnológica:** Riscos de uso dual merecem atenção redobrada à medida que LLMs se tornam mais capazes e acessíveis. Automatizar phishing, personificação, desinformação, assédio e hacking poderia impactar catastroficamente vidas na ausência de controles cuidadosos e ética. Não estamos indefesos diante dos perigos, mas também não podemos nos dar ao luxo de inocência ingênua.

LLMs não incorporam valores benéficos intrinsecamente na ausência de esforços intencionais. Eles propagam padrões— bons e maus—de dados de treino. Embora o dimensionamento possa atenuar alguns problemas, o progresso permanece em grande parte medido em métricas de conveniência como perplexidade, em vez de redução de danos no mundo real. Sem reorientar o desenvolvimento, danos potenciais podem crescer em escala além das capacidades.

Dadas as apostas envolvidas, o desenvolvimento responsável dos LLMs exige judiciosidade, não alarmismo ou indiferença. Os LLMs representam uma das tecnologias mais promissoras para promover o conhecimento, a criatividade e a oportunidade humanos jamais descobertas. Realizar benefícios eticamente, abordando desafios agudos, merece investigação aberta e equilibrada.

Recomendo mitigação de danos por meio de obtenção ética e transparente de dados, testes pragmáticos, monitoramento de impactos no mundo real, solicitação de amplo feedback público, engajamento em governança, auditoria de dados/sistemas, enquadramento reflexivo de implantação e capacitação do utilizador. Feito concertadamente, uma combinação de salvaguardas técnicas e sociais fornece um caminho equilibrado para maximizar o benefício evitando danos.

Testes Rigorosos

Avaliar LLMs com confiança requer testes empíricos rigorosos além de benchmarks convenientes. Suítes de protocolos especificamente sondando segurança, ética e impactos sociais mais amplos revelariam modos de falha e informariam mitigações. As metodologias de teste devem recorrer à experiência interdisciplinar em psicologia social, ética, direito e humanidades, além de campos técnicos. Os testes também exigem avaliação humana representativa entre as demografias.

Os benchmarks atuais recompensam desproporcionalmente os perigos escalonáveis. As métricas de progresso garantem reorientação em direção à avaliação de valores humanos holísticos, não optimizações desconectadas das prioridades éticas. O rigor dos testes complementa mitigações e governança técnicas, fundamentando a discussão em dados empíricos.

Monitoramento de Implantações

O monitoramento em tempo real fornece dados inestimáveis sobre como os LLMs se desempenham na prática quando implantados publicamente. Classificadores baseados em regras podem detectar problemas emergentes e solicitar revisão humana. Relatórios de utilizadores também revelam preocupações por meio de canais que protegem a privacidade e a dignidade. O monitoramento contínuo em produção fecha o ciclo entre testes e implantação, permitindo detecção e resposta rápidas a problemas não antecipados.

No entanto, o monitoramento unicamente algorítmico arrisca normalizar danos sociais se padrões estatísticos refletindo danos forem propagados em vez de detectados como problemas. O monitoramento exige recalibração contínua com base em perspectivas humanas solicitadas em grupos impactados. Manter canais para vozes marginalizadas neutraliza pontos cegos emergentes de privilégios. O objetivo é expandir a consciência, não a automação por si só.

Embora o monitoramento contínuo das implantações de LLMs seja crucial para rastrear seu desempenho no mundo real e possíveis deslizes, apresenta seu próprio conjunto de desafios éticos. Uma das preocupações primordiais é a preservação da privacidade do utilizador. Em nossa era digital, os sistemas de monitoramento podem capturar inadvertidamente informações confidenciais do utilizador, levando a potenciais violações de confidencialidade e uso indevido de dados não intencionais. Tais violações não apenas violam a confiança que os utilizadores depositam nessas plataformas, mas também os expõem a diversos riscos, que vão desde roubo de identidade até perfilamento não autorizado.

Além disso, os mecanismos de armazenamento de dados associados ao monitoramento devem ser à prova de falhas, garantindo que os dados do utilizador não sejam vulneráveis a ataques cibernéticos externos ou uso indevido interno. Equilibrar a necessidade de monitoramento eficaz com esses imperativos éticos exige planejamento meticuloso, práticas robustas de manipulação de dados e comunicação transparente com os utilizadores sobre como os seus dados são usados e protegidos.

Buscando Feedback Amplo

Desenvolver LLMs de forma responsável requer engajamento sério com diversas vozes públicas para representar interesses, experiências e preocupações pluralistas. A tentação de optimizar estreitamente para prender utilizadores deve ser contrabalançada com a solicitação ativa de feedback de populações facilmente negligenciadas pelas corporações. Divulgação intencional e repetida em idiomas, geografias, disciplinas e posições sociais é necessária para perceber pontos cegos.

Nenhum grupo tem o monopólio da sabedoria—insights revolucionários sobre o alinhamento de LLMs com valores humanos podem vir de pessoas e contextos inesperados. Processos deliberativos bem estruturados, fundamentados na ética, em vez de autoridade consolidada ou votação estreita, proporcionam discernimento adequado do bem comum. Deixar conversas difíceis para depois aumenta danos evitáveis.

Auditorias de Incentivo

Incentivos organizacionais impactam fortemente como as empresas desenvolvem e implantam LLMs na prática, muitas vezes ofuscando declarações de missão abstratas. Analisar objetivos de treino, seleção de benchmark, definições de métricas, critérios de promoção, estruturas de gerenciamento de produtos e detalhes concretos semelhantes ilumina onde o alinhamento com a ética foi—ou não—operacionalizado no trabalho diário. Auditorias de incentivo institucionalizam incentivos morais.

Os resultados devem informar a governança e as certificações escalonadas para o desenvolvimento/implementação dos LLMs com base nas práticas organizacionais analisadas, não apenas nos princípios ou compromissos prometidos. Políticas baseadas na avaliação empírica de incentivos vividos ajudam a evitar danos não intencionais antes que ocorram.

Auditando Representação

No desenvolvimento de LLMs éticos, uma necessidade crítica muitas vezes negligenciada é a auditoria de diversidade dos conjuntos de dados de treino e das saídas do modelo. Como revelou pesquisa de grupos como o Instituto de Pesquisa em IA Distribuída (DAIR)[54], a dependência exclusiva de métricas técnicas pode mascarar problemas de preconceitos de representação.

A auditoria proativa por meio da análise crítica da composição do conjunto de dados e do desempenho do modelo entre subgrupos torna desequilíbrios implícitos explícitos. Dimensões fundamentais que merecem auditorias incluem:

- Identidades de gênero
- Raça e etnias
- Nacionalidades e origens culturais
- Grupos etários
- Deficiências
- Neurodiversidade
- Status socioeconômico
- Regiões geográficas
- Diversidade religiosa
- Segmentos psicográficos

- Atributos demográficos sensíveis

Idealmente, tanto os conjuntos de dados de treino quanto os modelos devem exibir representação justa em dimensões tradicionalmente marginalizadas. No entanto, determinar a suficiência permanece desafiador.

A auditoria apropriada requer o envolvimento de comunidades impactadas além da dependência exclusiva de equipes técnicas internas. O progresso necessita abraçar o desconforto sobre conversas difíceis sobre desigualdade lideradas por vozes historicamente não ouvidas.

Priorizar auditorias de representação torna o enfrentamento da exclusão e a correção de desequilíbrios um aspecto obrigatório do desenvolvimento ético de modelos, não uma consideração opcional. Transparência e responsabilidade proativas devem corresponder à escala de influência social que essas tecnologias exercem. Embora o trabalho seja árduo, a alternativa nos prejudica a todos.

Capacitando Utilizadores

As capacidades dos LLMs dependem do prompting humano eficaz—reter a agência do utilizador é eticamente prudente e essencial pragmaticamente. As interfaces devem fornecer visibilidade sobre as limitações do modelo, pontuações de confiança, dados de treino e mitigações aplicadas. Os utilizadores merecem conscientização contextual para avaliar a confiabilidade e determinar a dependência apropriada.

As descrições devem destacar que os LLMs são ferramentas falíveis, não oráculos ou agentes conscientes. Utilizadores capacitados representam a linha de frente do monitoramento de danos potenciais.

Interfaces transparentes também permitem que utilizadores avançados refinem prompts para direcionar o comportamento do modelo. Preferências como evitar toxicidade ou erros podem ser codificadas. O empoderamento do utilizador sustenta a supervisão humana ética, ao mesmo tempo em que se beneficia da assistência algorítmica. Encontrar esse equilíbrio evita danos tanto da automação irrestrita quanto da abdicação total.

Documentação Rigorosa

Análoga a como produtos de consumo vêm equipados com rótulos meticulosos listando os seus ingredientes e funcionalidades pretendidas, é imperativo que conjuntos de dados e modelos sejam acompanhados de documentação exaustiva. Esta literatura detalhada deve explicar todos os aspectos, desde a sua concepção e vieses inerentes até os casos de uso designados, limitações e possíveis consequências adversas.

A comunidade de tecnologia, reconhecendo essa necessidade, propôs proativamente uma série de estruturas notáveis nos últimos anos para reforçar a transparência no campo do aprendizado de máquina:

1. **Folhas de Dados para Conjuntos de Dados**[41]: Como discutido anteriormente, esta iniciativa foi concebida para trazer um formato padronizado às informações que acompanham os conjuntos de dados. Folhas de dados abrangentes lançam luz sobre vários aspectos, desde as metodologias empregadas na coleta de dados até o uso

previsto, os seus padrões de distribuição e possíveis vieses que podem contaminar os dados. Tal documentação intricada abre caminho para que desenvolvedores e utilizadores finais tenham uma compreensão nuançada dos méritos e deméritos do conjunto de dados.

2. Cartões de Modelo para Relatórios de Modelos[40]: Como discutido anteriormente, os cartões de modelo funcionam como um dossiê informativo que delineia os indicadores de desempenho de um modelo, seu regime de treino e os dados usados para a sua avaliação, além de quaisquer considerações éticas relevantes. Esses cartões funcionam de forma semelhante às informações nutricionais sobre produtos alimentícios, oferecendo uma visão concisa, porém completa, do potencial e das restrições do modelo.

3. Fichas Técnicas[56]: As fichas técnicas baseiam-se na fundação estabelecida pelas Folhas de Dados. Elas são adaptadas especificamente para promover a transparência na prestação de serviços de IA. Eles fornecem uma dissecação meticulosa da arquitetura de um sistema, as suas fases de treino e teste, métricas de desempenho, protocolos de segurança e atualizações.

4. Declarações de Dados para Processamento de Linguagem Natural[57]: Essas declarações enfatizam a importância de compreender o panorama sociocultural, indicadores demográficos e o ambiente interativo em que os dados se cristalizam. Tais insights capacitam desenvolvedores e utilizadores a navegar nas suposições e preconceitos latentes incorporados nas estruturas de PLN.

5. Rótulos Nutricionais para Dados e Modelos[58]: Fazendo uma analogia com os rótulos nutricionais que encontramos em alimentos, esses rótulos fornecem uma visão concisa, porém perspicaz, das "métricas de saúde" e da "composição" intricada de um conjunto de dados ou modelo. Esses recursos são fundamentais para orientar as partes interessadas a avaliar o calibre, a equidade e os perigos ocultos de dados ou modelos computacionais.

6. Projeto Nutrição de Dados[59, 60]: Este esforço concentra-se na introdução de uma rubrica padronizada que desmistifica os constituintes do conjunto de dados, as suas origens e o espectro das suas aplicações viáveis. A ambição geral é garantir que os conjuntos de dados que servem de alicerce para sistemas de IA não sejam apenas tecnicamente sólidos, mas também sejam alavancados com senso de responsabilidade.

Embora cada uma dessas estruturas apresente atributos únicos, elas convergem para uma missão compartilhada: tornar os mecanismos internos dos LLMs transparentes, amigáveis ao utilizador e passíveis de escrutínio.

A documentação abrangente confere benefícios multifacetados:

- Para desenvolvedores: lhes dá uma compreensão granular dos conjuntos de dados e modelos à sua disposição, fortalecendo os seus processos de tomada de decisão e auxiliando na criação de sistemas éticos superiores.

- Para utilizadores finais: lhes oferece insights sobre o projeto operacional do modelo, os seus pontos fortes e fracos, facilitando assim a aplicação judiciosa e segura.

- Para entidades reguladoras: lhes concede acesso a
  um tesouro de dados críticos, capacitando-as a
  elaborar diretrizes informadas relativas à
  administração e governança de tecnologias
  emergentes.

- Para o cidadão global: instila um senso de confiança
  nessas tecnologias de ponta, derivado do
  conhecimento de que a evolução do sistema é
  marcada por transparência e considerações éticas.

Para resumir, à medida que os LLMs crescem e permeiam
diversos setores, o mandato de transparência, facilitado por
documentação abrangente, torna-se ainda mais premente.

Política, Governança e Regulamentação

A realização de futuros benéficos requer políticas proposi-
tivas e éticas que orientem a tecnologia para elevar a humanidade. Os processos de governança devem centrar as
comunidades impactadas por meio de processos participa-
tivos e deliberação moral. As regulamentações devem
restringir os perigos sem sufocar a inovação. Um conjunto
de ferramentas de políticas abrangentes pode moldar positi-
vamente o progresso.

Conselhos de Segurança e Supervisão

Conselhos consultivos de especialistas fornecem entrada
contínua com base em conhecimento especializado de
aprendizado de máquina, direito, ética, ciências sociais e
humanidades. Conselhos de supervisão que auditam
práticas instilam responsabilidade. Representação diversa

impede que interesses estreitos enviesem orientação. A supervisão coletiva promulga a ética.

Consulta Pública

As políticas só mantêm a legitimidade por meio da participação pública inclusiva. A ampla solicitação de comentários, realização de pesquisas independentes, organização de assembleias de cidadãos e o estabelecimento de um diálogo de base são essenciais para representar de forma significativa as diversas necessidades e pontos de vista. O trabalho deve ter entrada igual à indústria. Fornecer canais para expressar preocupações e moldar decisões torna os interesses públicos primordiais.

Padrões Regulatórios

Regulamentações razoáveis sobre segurança, qualidade, justiça e segurança orientam a tecnologia a beneficiar a humanidade. Padrões promulgam a ética por meio de mandatos, não esperando pelo cumprimento voluntário. No entanto, é necessário cuidado para iterar pragmaticamente sem concentrar controle ou congelar inovação. Encontrar equilíbrios continua sendo desafiador, mas necessário.

Requisitos de Certificação

A confiança na IA aumenta quando os provedores comprovam suas práticas éticas por meio de auditorias externas. Certificações confirmando testes de segurança, monitoramento, mitigações e mecanismos de reparação oferecem garantia aos utilizadores e comunidades. Os governos podem acelerar a certificação subsidiando auditorias para organizações comprometidas com a transparência. Incentivos de mercado, portanto, dimensionam a ética.

Nosso ecossistema de políticas deve defender valores e dignidade humanos morais como luzes orientadoras. Nenhuma solução única é suficiente diante dos desafios e incertezas multifacetados. Conjuntos de ferramentas holísticos combinando supervisão distribuída, orientação especializada, consulta pública, regulamentação ponderada e certificações confiáveis incentivam ética e segurança. A cooperação global amplifica as proteções dimensionando ao lado do crescimento das capacidades.

O Caminho a Seguir

Abordar desafios tecnológicos complexos com muitas incógnitas é intimidador. No entanto, precauções prudentes fornecem um caminho razoável: testes rigorosos fornecem base empírica; o monitoramento ilumina problemas que surgem na prática; amplo feedback oferece discernimento representativo; auditorias de incentivos encorajam governança preventiva; e o empoderamento do utilizador mantém a supervisão humana. Esforços imperfeitos, porém honestos, maximizando o conhecimento disponível, apoiam o progresso benéfico.

Como Líderes Empresariais Evitam Armadilhas Potenciais

Embora as recomendações delineadas ofereçam pontos de partida construtivos, implementá-las efetivamente permanece não trivial. Aqui estão algumas armadilhas potenciais que merecem atenção:

1. Ética performativa em vez de substantiva. Conformidade superficial com esforço viável mínimo em vez de compromisso sincero. Os valores devem ser incorporados profundamente.

2. Autoavaliação em vez de auditorias externas. Superestimação de avaliações internas cria pontos cegos. Esclarecimento independente possibilita objetividade.

3. Testando em benchmarks estreitos. Métricas de conveniência não capturam sutilezas sociotécnicas complexas. Avaliações centradas no ser humano são necessárias.

4. Diversidade limitada. Falha em representar adequadamente populações marginalizadas e pontos de vista não convencionais. Inclusão é crucial.

5. Monitoramento míope. Foco em métricas imediatas enquanto ignora implicações de longo prazo.

6. Padrões obscuros do utilizador. Interfaces que preservam a visibilidade apenas no nome enquanto guiam os utilizadores para resultados predeterminados. Verdadeiro empoderamento requer ceder algum controle.

7. Ética de fachada. Retratar ajustes granulares como soluções abrangentes. Realinhamento holístico é necessário além de mitigações isoladas.

Apelo à Coragem Moral

Adaptar-se de forma responsável à transformação da IA em quase todas as esferas da atividade humana constitui um imenso, mas essencial, desafio. Interromper o progresso renuncia a benefícios que melhoram vidas, mas aceleração desenfreada arrisca perigos potenciais. Defender a ética em meio a capacidades emergentes, hipervalorização e pressões de mercado requer coragem moral.

LLMs representam algumas das tecnologias mais promissoras e eticamente conturbadas jamais concebidas. Seu desenvolvimento traça uma lâmina entre potenciais utópicos e distópicos, dependendo das nossas escolhas daqui para frente.

O caminho à frente permanece opaco, mas o primeiro passo começa com a educação sobre o que os LLMs são e não são. Só então os líderes podem tomar decisões informadas longe da hipervalorização e das realidades comerciais. O progresso depende das nossas escolhas diárias e a hora é agora para você criar o mundo que deseja ver.

Permaneçamos humanos!

Inês

Nota: Por favor, considere deixar uma avaliação e compartilhar este livro com outras pessoas que possam se beneficiar do seu conteúdo.

NOTAS DE RODAPÉ

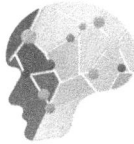

1. Word2Vec: Google Code Archive

2. Attention Is All You Need by Ashish Vaswani, Noam Shazeer, et al.

3. On the Opportunities and Risks of Foundation Models by Rishi Bommasani, Drew A. Hudson, et al.

4. BloombergGPT: A Large Language Model for Finance by Shijie Wu, Ozan Irsoy, et al.

5. Constitutional AI: Harmlessness from AI Feedback by Yuntao Bai, Saurav Kadavath, et al.

6. Llama 2: Open Foundation and Fine-Tuned Chat Models by Hugo Touvron, Louis Martin, et al.

7. InternetLab: Drag queens and Artificial Intelligence: should computers decide what is 'toxic' on the internet? by Alessandra Gomes, Dennys Antonialli and Thiago Oliva.

8. Meta AI: Galactica: A Large Language Model for Science by Ross Taylor, Marcin Kardas, et al.

9. MIT Technology Review: Why Meta's latest large language model survived only three days online by Will Douglas Heaven.

10. Cleaning up a baby peacock sullied by a non-information spill by Prof. Emily M. Bender

11. GitHub: Novel AI Tokenizer

12. OpenAI: Language Models are Few-Shot Learners by Tom B. Brown, Benjamin Mann, et al.

13. Google: BERT: Pre-training of Deep Bidirectional Transformers for Language Understanding by Jacob Devlin, Ming-Wei Chang, et al.

14. Wired: The Fanfic Sex Trope That Caught a Plundering AI Red-Handed by Rose Eveleth.

15. Retrieval-Augmented Generation for Knowledge-Intensive NLP Tasks by Patrick Lewis, Ethan Perez, et al.

16. Symbolic Knowledge Distillation: from General Language Models to Commonsense Models by Peter West, Chandra Bhagavatula, et al.

17. PAL: Program-aided Language Models by Luyu Gao, Aman Madaan, et al.

18. McKinsey: Unleashing developer productivity with generative AI by Begum Karaci Deniz, Chandra Gnanasambandam, et al.

19. The Verge: Microsoft, GitHub, and OpenAI ask court to throw out AI copyright lawsuit by Emma Roth.

20. The Atlantic: Revealed: The Authors Whose Pirated Books are Powering Generative AI by Alex Reisner.

21. On the Dangers of Stochastic Parrots: Can Language Models Be Too Big? by Emily M. Bender, Timnit Gebru, et al.

22. Generative AI at Work by Erik Brynjolfsson, Danielle Li, and Lindsey Raymond.

23. MIT: Experimental Evidence on the Productivity Effects of Generative Artificial Intelligence by Shakked Noy and Whitney Zhang.

24. The Impact of AI on Developer Productivity: Evidence from GitHub Copilot by Sida Peng, Eirini Kalliamvakou, Peter Cihon, and Mert Demirer.

25. Measuring Human-Automation Function Allocation by Amy R. Pritchett, So Young Kim, and Karen M. Feigh.

26. Harvard Business Review: The Tragic Crash of Flight AF447 Shows the Unlikely but Catastrophic Consequences of Automation by Nick Oliver, Thomas Calvard, and Kristina Potočnik.

27. Falling Asleep at the Wheel: Human/AI Collaboration in a Field Experiment on HR Recruiters by Fabrizio Dell'Acqua

28. Super Mario Meets AI: Experimental Effects of Automation and Skills on Team Performance and Coordination by Fabrizio Dell'Acqua, Bruce Kogut, and Patryk Perkowski.

30. Andreessen Horowitz: Navigating the High Cost of AI Compute by Guido Appenzeller, Matt Bornstein, and Martin Casado.

31. Google "We Have No Moat, And Neither Does OpenAI" by Dylan Patel and Afzal Ahmad.

32. Databricks: Free Dolly: Introducing the World's First Truly Open Instruction-Tuned LLM by Mike Conover, Matt Hayes, et al.

33. Human Redundancy in Automation Monitoring: Effects of Social Loafing and Social Compensation by Juliane Domeinski, Ruth Wagner, et al.

34. The AI compute shortage explained by Nvidia, Crusoe, & MosaicML by Veronica Mercado.

35. Few-Shot Parameter-Efficient Fine-Tuning is Better and Cheaper than In-Context Learning by Haokun Liu, Derek Tam, et al.

36. Parameter-Efficient Fine-Tuning without Introducing New Latency by Baohao Liao, Yan Meng, and Christof Monz.

37. LoRA: Low-Rank Adaptation of Large Language Models by Edward J. Hu, Yelong Shen, et al.

38. AI Now Institute: The Climate Costs of Big Tech.

39. Making AI Less "Thirsty": Uncovering and Addressing the Secret Water Footprint of AI Models by Pengfei Li, Jianyi Yang, et al.

40. Model Cards for Model Reporting by Margaret Mitchell, et al.

41. Datasheets for Datasets by Timnit Gebru, et al.

42. Prompt Programming for Large Language Models: Beyond the Few-Shot Paradigm by Laria Reynolds and Kyle McDonell.

43. Chain-of-Thought Prompting Elicits Reasoning in Large Language Models by Jason Wei, Xuezhi Wang, et al.

44. Unified Scaling Laws for Routed Language Models by Aidan Clark, Diego de las Casas, et al.

45. Calibration of Pre-trained Transformers by Shrey Desai and Greg Durrett.

46. Anthropic: Constitutional AI: Harmlessness from AI Feedback by Yuntao Bai, Saurav Kadavath, et al.

47. Scalable agent alignment via reward modeling: a research direction by Jan Leike, David Krueger, et al.

47. Open AI: Deep reinforcement learning from human preferences by Paul Christiano, Jan Leike, et al.

48. Intermediate-Task Transfer Learning with Pretrained Models for Natural Language Understanding: When and Why Does It Work? by Yada Pruksachatkun, Jason Phang, et al.

49 Hugging Face: Parameter-Efficient Fine-Tuning (PEFT)

50. Microsoft: LORA: Low-Rank Adaptation of Large Language Models by Edward Hu, Yelong Shen, et al.

51. Multitask Prompted Training Enables Zero-Shot Task Generalization by Victor Sanh, Albert Webson, et al.

52. OpenAI: Learning to summarize from human feedback by Nisan Stiennon, Long Ouyang, et al.

53. ReAct: Synergizing Reasoning and Acting in Language Models by Shunyu Yao, Jeffrey Zhao, et al.

54. Distributed AI Research Institute (DAIR)

55. Vice: OpenAI Used Kenyan Workers Making $2 an Hour to Filter Traumatic Content from ChatGPT by Chloe Xiang

56. FactSheets: Increasing Trust in AI Services through Supplier's Declarations of Conformity by Matthew Arnold, Rachel K. E. Bellamy, et al.

57. Data Statements for Natural Language Processing: Toward Mitigating System Bias and Enabling Better Science by Emily M. Bender and Batya Friedman.

58. Nutritional Labels for Data and Models by Julia Stoyanovich and Bill Howe.

59. The Dataset Nutrition Label: A Framework to Drive Higher Data Quality Standards by Sarah Holland, Ahmed Hosny, et al.

60. The Data Nutrition Project by Kasia Chmielinski, et al.

61. Google: Switch Transformers: Scaling to Trillion Parameter Models with Simple and Efficient Sparsity by William Fedus, Barret Zoph, and Noam Shazeer.

62. GLaM: Efficient Scaling of Language Models with Mixture-of-Experts by Nan Du, Yanping Huang, et al.

63. Google: BERT: Pre-training of Deep Bidirectional Transformers for Language Understanding by Jacob Devlin, Ming-Wei Chang, Kenton Lee, and Kristina Toutanova.

64. Open (For Business): Big Tech, Concentrated Power, and the Political Economy of Open AI by David Gray Widder, Sarah West, and Meredith Whittaker.

65. Yuening Jia, CC BY-SA 3.0, via Wikimedia Commons.

66. ChatGPT, Public domain, via Wikimedia Commons.

67. Marxav, CC0, via Wikimedia Commons.

68. Singerep, CC BY-SA 4.0, via Wikimedia Commons.

69. Holistic Evaluation of Language Models by Percy Liang, Rishi Bommasani, et al.

70. Measuring Massive Multitask Language Understanding by Dan Hendrycks, Collin Burns, et al.

71. Beyond the Imitation Game: Quantifying and extrapolating the capabilities of language models by Aarohi Srivastava, Abhinav Rastogi, et al.

72. GLUE: A multi-task benchmark and analysis platform for natural language understanding by Alex Wang, Amanpreet Singh, et al.

73. SuperGLUE: A Stickier Benchmark for General-Purpose Language Understanding Systems by Alex Wang, Yada Pruksachatkun, Nikita Nangia, et al.